高等职业教育数控技术专业系列教材
国家职业教育专业教学资源库配套教材
国家示范性高职院校建设项目成果

数控机床机械结构与装调工艺

主　编　徐晓风
副主编　刘衍益　高永祥　祝洲杰
参　编　潘国刚　李　柱
主　审　胡友亨

机械工业出版社

本书是高等职业教育数控技术专业系列教材、国家示范性高职院校建设项目成果、国家职业教育专业教学资源库"数控机床机械装调"课程配套教材，采用双色印刷，配有二维码资源链接。本书主要内容包括机床总览、数控机床机械组件、数控车床机械结构与装调、数控铣床（加工中心）机械结构与装调、数控机床的发展、数控机床精度、数控机床的客户移交。

本书可作为高职高专院校数控技术专业和数控设备应用与维护专业用教材，也可供机械类其他专业选用，还可作为相关专业技术人员的参考用书。

本书配有电子课件及习题解答，凡使用本书作为教材的教师可登录机械工业出版社教育服务网 www.cmpedu.com 注册后下载。咨询邮箱：cmp-gaozhi@sina.com。咨询电话：010-88379375。

图书在版编目（CIP）数据

数控机床机械结构与装调工艺/徐晓风主编. —北京：机械工业出版社，2018.8（2022.1重印）

高等职业教育数控技术专业系列教材　国家职业教育专业教学资源库配套教材　国家示范性高职院校建设项目成果

ISBN 978-7-111-60299-6

Ⅰ.①数…　Ⅱ.①徐…　Ⅲ.①数控机床-结构-高等职业教育-教材②数控机床-设备安装-高等职业教育-教材③数控机床-调试方法-高等职业教育-教材　Ⅳ.①TG659

中国版本图书馆 CIP 数据核字（2018）第 166233 号

机械工业出版社（北京市百万庄大街 22 号　邮政编码 100037）
策划编辑：刘良超　责任编辑：刘良超　责任校对：王　延
封面设计：鞠　杨　责任印制：单爱军
北京虎彩文化传播有限公司印刷
2022 年 1 月第 1 版第 4 次印刷
184mm×260mm · 10.75 印张 · 257 千字
4801—6300 册
标准书号：ISBN 978-7-111-60299-6
定价：35.00 元

电话服务	网络服务
客服电话：010-88361066	机　工　官　网：www.cmpbook.com
010-88379833	机　工　官　博：weibo.com/cmp1952
010-68326294	金　书　网：www.golden-book.com
封底无防伪标均为盗版	机工教育服务网：www.cmpedu.com

前　言

数控机床是制造业实现自动化、柔性化、集成化生产的基础，是关系国家战略地位和体现国家综合国力的重要基础性高技术装备，其技术水平和拥有量是衡量一个国家工业现代化程度的重要标志。数控机床是数控技术专业和数控设备应用与维护专业的专业知识和职业技能重要的教学载体。

本书从机床的一般概念入手，展开数控机床的机械功能部件和整机的传动与原理、组成与结构、关键功能部件和整机装调、机床精度调试和客户移交等方面内容，帮助学生全面认知数控机床。本书具有以下特点：

1）内容编排符合认知规律。本书的内容编排力求符合高职层次学生的认知规律：从远至近，从局部到整体，从简单到复杂，从易到难。先介绍机床与数控机床的概念和发展，再介绍数控机床的机械结构，最后介绍典型数控机床的装调工艺。

2）内容以"实用、够用"为原则。本书内容力求体现"理实一体，学练一体，实用为主，够用为度"的编写原则，以数控机床产品生命周期为主线索，按"组件→部件→总装→检测调试→客户移交"的顺序编写。重要的功能部件设置拆、装、调实践教学指导内容，并配有教学视频素材。

3）双色印刷，表达方式直观易懂，学习难点处配有二维码链接辅助教学。本书内容采用双色印刷，表达力求"文字通俗简练，图样规范真实，结构直观易懂"。机床复杂机械结构图样是公认的教学难点，本书中数控车床的主轴、刀架，加工中心自动换刀装置等机床关键功能部件都取自实际的机床产品，经过解体、测绘、三维实体装配建模、素材视频与动画开发等步骤，形成与教学配套的动画和拆、装、调实景视频等优质素材，以二维码形式插入相关内容处，学生扫码即可观看、学习。

4）与教学资源库配套。本书是国家职业教育专业教学资源库"数控机床机械装调"课程配套教材，在"智慧职教"（http://www.icve.com.cn/）网站上注册后，可直接使用"数控机床机械装调"数字化网络共享课程，并能以云课堂形式实施线上线下混合教学。

本书由浙江机电职业技术学院徐晓风担任主编，浙江机电职业技术学院高永祥担任副主编并承担全书教学资源的开发和部分章节统稿，江苏省无锡交通高等职业技术学校刘衍益担任副主编并编写第六章，浙江机电职业技术学院祝洲杰担任副主编并编写第五章，浙江机电职业技术学院李柱编写第二章，杭州珏墅科技有限公司潘国刚编写第七章。其他章节由徐晓风编写。杭州友佳精密机械有限公司胡友亨审阅了本书并提出宝贵意见，在此表示感谢。

由于编者水平有限，书中不足之处在所难免，请广大读者批评指正。

编者

目　录

第一章

机床总览

 学习导引

制造日常生活用品和工业产品要使用各种机械设备，而制造组成机械设备的零件离不开机床。本章将介绍机床的演化知识，帮助学生初步认识数控机床的概况，为深入分析数控机床机械构造，并进行机械装调做准备。

 学习目标

了解普通机床和数控机床概况，学会根据机床型号或机床外观特征、机床运动形式和工件加工表面，识别机床的类型和功能。

 学习重点和难点

本章学习的重点是机床的分类知识，难点是机床型号编制方法相关国家标准。

第一节 机床概述

一、机床史话

1. 从工具到机床的演化

人们在早期社会生产劳动中，为了省力和提高工作效率，从徒手劳动到使用原始简单器具，逐渐演变成使用图 1-1a、b 所示的各类手动工具。由于工具缺乏动力，而且无法控制工具使用时的运动轨迹，所以通常只能用于辅助性工作。为了成批量制作形状复杂且大小一致的物品，人们逐步发明出高级形式的工具——设备。图 1-1c 所示的人力驱动的加工木器的

a)   b)   c)

图 1-1 从工具到机床的演化

a）活扳手 b）手摇式千斤顶 c）加工木器的设备

设备，可用人力牵动绳索获得工作物（工件）的转动，手持刀具切削工件并控制其回转体轮廓的形状，这就是最早期机床的雏形。

　　2. 机床的演化

　　工具只能延伸和扩大四肢的功能，提高工作效率。机床则具有动力，能机动控制运动部件的轨迹和速度，机床的出现为金属零件的成批量、快速且精确加工提供了设备条件，使机械制造业获得飞速发展。机床的发明、改进和演变，与当时的社会需求，各领域科学、工业技术的发展密切相关。

　　（1）早期的机床　早期机床的动力为蒸汽机，将蒸汽机输出轴的转矩用皮带向上传递给安装在车间上方的转轴（故称其为"天轴"），再将天轴的转矩用皮带传递给位于车间下方的各台机床，这类机床也称为皮带机床。以下为重要的几种皮带机床最早出现时的历史记录。

　　1）车床。车床是一切机械化工具之父。公元前 3 世纪，中东地区就已经使用皮带车床，用于加工具有回转表面的木制家具零件。

　　2）螺纹车床。1568 年法国工程师贝森设计出一台木制车床，能车削出精度较高的螺纹。

　　3）镗缸机。1760 年，英国斯米顿设计了为蒸汽机气缸镗孔的水力机械，但由于车床加工精度低，气缸时常泄漏。1775 年，威尔金森制造了一台镗缸机，加工精度大幅提高，使活塞与气缸能严丝合缝。它实际上是今天镗床的雏形。

　　4）刨床。1751 年，法国人福克发明了第一台刨床。1839 年，英国博德默设计出了具有进给装置的牛头刨床。

　　（2）近代至现代的机床　交流电动机的普及应用改变了机床的动力形式，各类新型刀具材料的出现，加工要求的不断提高，推动着机床不断改进演化。19 世纪末到 20 世纪初，电动机驱动机床基本定型，如车床，铣床、刨床、磨床、钻床等，现在统称为金属切削机床（或称为普通机床），普通机床为 20 世纪前期的精密机床和生产机械化和半自动化创造了条件。

　　1920—1950 年，机械制造技术进入了半自动化时期，液压元件和电器元件在机床中的应用，使得各类机床的性能（如切削功率、加工精度、加工工件的复杂程度、生产率与自动化程度等）不断提高。

　　1951 年，美国麻省理工学院研制成功第一台电子管数控机床样机，机床运动实现了空间复杂轨迹，能够进行复杂零件的多品种小批量加工。机床从此进入了数字化程序控制的新时代。

　　1959 年我国研制出第一台国产数控机床，经过数十年努力，目前我国数控机床产量已居世界第一。

　　综上所述，从近代到现代的机床演化经历了手动机床、皮带机床、普通机床（即电动机驱动全齿轮机床）、数控机床四个阶段，如图 1-2 所示。

　　机械加工设备是机械制造业的主要加工设备。在一般制造类企业中，机床设备的数量通常占一个企业设备总量的 50%~60%，机床所担负的加工工作量占机械产品总制造工作量的 40%~60%，机床的技术性能直接影响机械产品的质量及其制造的经济性，进而决定着国民经济的发展水平。

　　一个国家机床工业的技术水平、机床拥有量及其先进程度，在很大程度上标志着这个国家的工业生产能力和科学技术水平。

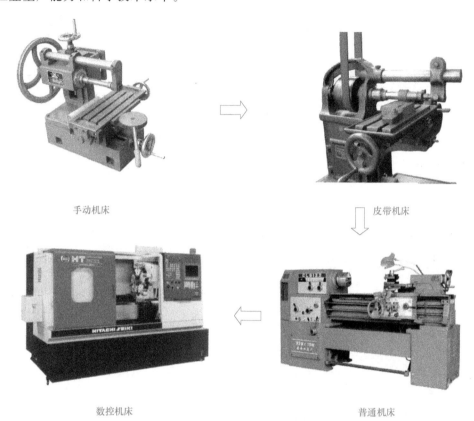

手动机床　　　　　　　　　　　　　　　皮带机床

数控机床　　　　　　　　　　　　　　　普通机床

图 1-2　机床演化经历的各阶段

二、机床运动

　　机床的主要功能就是通过切削加工切除工件上多余的金属，获得预期的形状和几何精度的成品。为了实现机床功能，机床上安装的刀具和工件必须做一定的相对运动，通过切削运动形成一定形状、尺寸和质量的表面，从而获得所需的机械零件。机床相对运动的形式决定了该机床的类型。

1. 机床的表面成形运动

　　刀具与工件之间形成加工表面的运动称为表面成形运动，简称成形运动。如图 1-3a 所示，车削圆柱表面时，工件的旋转运动 n 和车刀平行于工件轴线方向的运动 f 就是机床上的成形运动；如图 1-3b 所示，车削端面时，其表面成形运动为工件的旋转运动 n 和车刀垂直于工件轴线方向的运动 f。

　　机床表面成形运动是机床上最基本的运动，其轨迹、数目、行程和方向等要素在很大程度上决定着机床的传动和结构形式。

　　用不同工艺方法加工不同形状的表面，所需的表面成形运动是不同的，从而产生了不同类型的机床。

成形运动按其组成可分为简单成形运动和复合成形运动两种。

（1）简单成形运动　如果一个独立的成形运动，是由单独的旋转运动或直线运动构成，且各运动之间不必保持严格的相对运动关系，则称此成形运动为简单成形运动。如图 1-3a、b 所示，车削内外圆柱表面或端面时，工件的旋转运动 n 和刀具的直线移动 f 就是两个简单成形运动。

（2）复合成形运动　如果一个独立的成形运动，是由两个或两个以上的旋转运动或（和）直线运动，按照某种确定的运动关系组合而成，则称此成形运动为复合成形运动。如图 1-3c 所示，车削螺纹时，工件的旋转运动 n 和刀具平行于工件轴线的直线运动 f 之间必须保持严格的相对运动关系，即当工件旋转一周时，车刀必须准确地移动一个螺纹导程，则工件的旋转运动和刀具的直线移动就组成了复合成形运动。

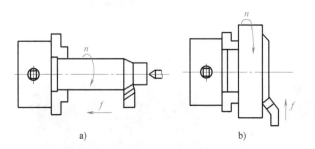

a)　　　　　　　　　b)　　　　　　　　　c)

图 1-3　表面成形运动

成形运动按其在切削过程中所起的作用，可分为主运动和进给运动。

2. 主运动

主运动是切除工件上的被切削层，使之转变为切屑的最基本运动，如车削时工件的旋转运动。主运动的特征：线速度在各机床运动中最高，消耗的功率最大。一种机床通常只有一个主运动。

3. 进给运动

进给运动是不断地把切削层的材料投入切削，维持切削过程以逐渐切出整个工件表面的运动，如车削时刀具平行于工件轴线方向或垂直于工件轴线方向的运动都属于进给运动。相对于主运动，进给运动的速度较低，消耗的功率也较小。

进给运动可能有一个或多个，也可能没有。图 1-4 所示为拉床的机床运动简图，其成形运动为拉刀的直线移动，该运动为机床的主运动，没有进给运动，或者说切削过程的持续进行是由拉刀上逐渐升高的刀齿来实现的。

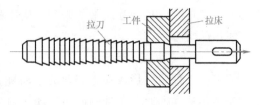

拉刀　工件　拉床

图 1-4　拉床的机床运动简图

4. 辅助运动

机床在加工过程中除了完成上述表面成形运动外，还需完成其他一系列运动，如刀具相对工件的横向切入运动，刀具趋近和退出工件的运动，工件和刀具的自动装夹、松开、转位及分度运动，机床的空行程等运动。辅助运动为表面成形创造了条件，但辅助运动与表面成形过程没有直接关系。

区别表面成形运动和辅助运动的方法：前者刀具与工件接触，即刀具参加切削运动；后者刀具与工件不接触，即刀具不参加切削运动。

三、数控机床概述

数控机床是一种装备了能对机床运动和加工过程进行控制的数字控制系统的机床。

数控机床目前主要用于金属切削加工、成形、特种加工和进行精密检测等。图 1-5 所示为数控车床及其加工工件。

数控机床已成为现代制造业中众多机械加工设备的主力军。

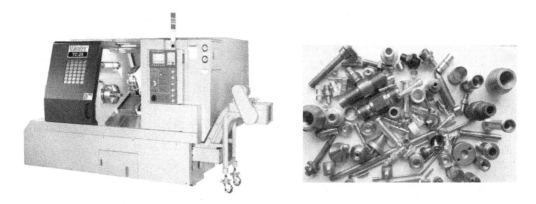

图 1-5　数控车床及其加工工件

1. 数控机床的工作过程

普通机床的工作过程一般可简述为：根据工件的图样对工件进行手动和机动进给操作，采用试切法逐个对加工表面进行加工，每个加工表面都需要进行检测和再加工，直至合格。

数控机床不同于普通机床，其工作过程可以简单表述如下。

将工件图样用手工或自动方式编制成加工程序，输入到数控系统后，系统自动进行译码和运算，并将运算的结果以脉冲信号形式分配给各伺服系统，后者将脉冲信号进行功率放大后控制机床各个运动的速度大小和方向，从而实现程序控制下的自动加工，其过程可用图1-6 表示。

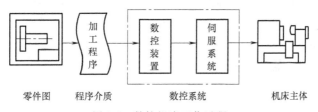

图 1-6　数控机床工作过程

2. 数控机床的组成与工作原理

如图 1-7 所示，数控机床由程序编制装置、输入装置、数控装置（CNC）、伺服驱动及位置检测装置、辅助控制（即强电控制）装置、机床本体等几部分组成。

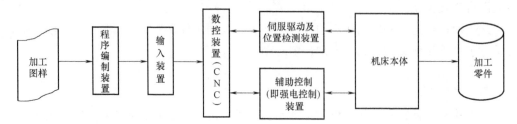

图 1-7　数控机床的基本结构

（1）程序编制装置　数控加工程序是数控机床自动加工零件的工作指令。在对零件进行工艺分析的基础上，确定零件坐标系在机床坐标系上的相对位置，即零件在机床上的安装位置，刀具与零件相对运动的尺寸参数，零件加工的工艺路线、切削加工的工艺参数以及辅助装置的动作等。得到加工零件所需的所有运动、尺寸、工艺参数等加工信息后，即可用由文字、数字和符号组成的标准数控代码，按规定的方法和格式，编制加工零件的数控加工程序。

编制加工程序的方法有两种：对于较简单或较规则的加工表面，可采用手工编制程序的方式，简称为手工编程。对于较复杂或不规则的加工表面，可采用 CAD/CAM 软件进行加工表面的三维建模，再用软件的后置处理功能自动生成加工程序代码，简称为自动编程。

（2）输入装置　输入装置的作用是将程序载体（信息载体）上的数控代码传递并存入数控系统内。数控机床加工程序可通过键盘用手工方式直接输入数控系统，也可由编程计算机用 RS232C 接口或采用网络通信方式传送到数控系统中。

零件加工程序输入过程有两种不同的方式：一种是边读入边加工（数控系统内存较小），另一种是一次将零件加工程序全部读入数控装置内部的存储器，加工时再从内部存储器中逐段调出进行加工。

（3）数控装置　数控装置从内部存储器中取出，或接收输入装置送来的一段或几段数控加工程序，经过数控装置的逻辑电路或系统软件进行编译、运算和逻辑处理后，输出各种控制信息和指令，控制机床各部分的工作，使其进行规定的有序运动和动作。

零件的轮廓图形基本上由直线、圆弧或其他非圆弧曲线组成，刀具在加工过程中必须按零件形状和尺寸的要求进行运动，即按图形轨迹移动。但输入的零件加工程序只能是各线段轨迹的起点和终点坐标值等数据，不能满足要求，因此要进行轨迹插补，也就是在线段的起点和终点坐标值之间进行"数据点的密化"，求出一系列中间点的坐标值，并向相应坐标输出脉冲信号，控制各坐标轴（即进给运动的各执行元件）的进给速度、进给方向和进给位移量等。

（4）伺服装置和位置检测装置　伺服装置接收来自数控装置的指令信息，经功率放大后，严格按照指令信息的要求驱动机床移动部件，以加工出符合图样要求的零件。因此它的伺服精度和动态响应性能是影响数控机床加工精度、表面质量和生产率的重要因素之一。伺服装置包括控制器（含功率放大器）和执行机构两大部分。目前多数伺服装置都采用交流或直流伺服电动机作为执行机构。

位置检测装置将数控机床各坐标轴的实际位移量检测出来，经反馈系统输入到机床的数控装置之后，数控装置将反馈回来的实际位移量与设定值进行比较，控制驱动装置按照指令设定值运动。

（5）辅助控制装置 辅助控制装置的主要作用是接收数控装置输出的开关量指令信号，经过编译、逻辑判别和运动，再经功率放大后驱动相应的电器，带动机床的机械、液压、气动等辅助装置完成指令规定的开关量动作。这些控制包括主轴运动部件的变速、换向、起动和停止，刀具的选择和交换，冷却、润滑装置的起动、停止，工件和机床部件的松开、夹紧，分度工作台的转位、分度等开关辅助动作。

由于可编程序逻辑控制器（PLC）具有响应快，性能可靠，易于使用、编程和修改程序，可直接起动机床开关等特点，现已广泛用作数控机床的辅助控制装置。

（6）机床本体 数控机床的机床本体与传统机床相似，由主轴传动装置、进给传动装置、床身、工作台、刀具装夹装置、辅助运动装置、液压气动系统、润滑系统、冷却装置等组成。但数控机床在整体布局、外观造型、传动系统、刀具系统的结构以及操作机构等方面都已发生了很大的变化。这种变化的目的是满足数控机床的要求和充分发挥数控机床的特点。

本课程主要涉及的数控机床组成部分为机床本体。

第二节 机床基础知识

一、机床的分类

机床经过数百年演化和发展，其种类、规格繁多。在我国以普通机床为主，按加工方法可将其分为 11 大类，每类机床的名称、主运动和主要的加工对象如下。

1. 车床

车床上工件的转动为主运动，主要用于加工各种回转体内外表面，是应用最广泛的机床之一。

图 1-8a~c 所示分别为卧式车床的外观、车削运动和车削加工零件实例。

2. 钻床

钻床的刀具——钻头的转动为主运动，主要用于加工中小直径的孔。

图 1-9a~c 所示分别为摇臂钻床的外观、钻削运动和钻削加工零件实例。

3. 镗床

镗床上刀具的转动为主运动，主要用于加工箱体类工件的孔系。

图 1-10a~c 所示分别为卧式镗床的外观、镗削运动和镗削加工零件实例。

4. 磨床

磨床上砂轮的转动为主运动，主要用于精加工各类表面。通常一类磨床只专长于磨削一类特征表面。

图 1-11a~c 所示分别为卧式万能外圆磨床的外观、磨削运动和磨削加工零件实例。

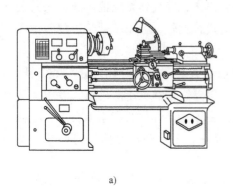

a)   b)   c)

图 1-8　卧式车床

a）外观　b）车削运动　c）车削加工零件实例

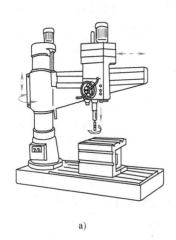

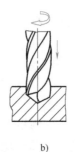

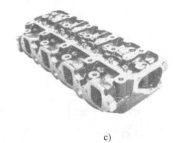

a)   b)   c)

图 1-9　摇臂钻床

a）外观　b）钻削运动　c）钻削加工零件实例

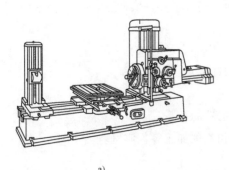

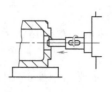

a)   b)   c)

图 1-10　卧式镗床

a）外观　b）镗削运动　c）镗削加工零件实例

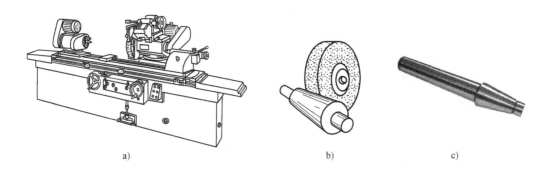

a)   b)   c)

图 1-11 卧式万能外圆磨床

a) 外观 b) 磨削运动 c) 磨削加工零件实例

5. 齿轮加工机床

齿轮加工机床上刀具的转动（或移动）为主运动，利用展成法原理加工渐开线齿廓。

图 1-12a～c 所示分别为卧式滚齿机的外观、滚齿运动和滚齿加工零件实例。

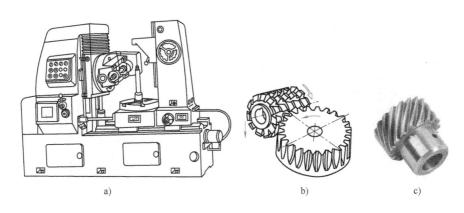

a)   b)   c)

图 1-12 卧式滚齿机

a) 外观 b) 滚齿运动 c) 滚齿加工零件实例

6. 螺纹加工机床

螺纹加工机床有螺纹磨床、攻丝机、搓丝机等，主要用于加工螺纹。

图 1-13a～c 所示分别为平板式搓丝机的外观、搓丝运动和搓丝加工零件实例，其主运动为搓丝板的往复移动。

7. 铣床

铣床上铣刀的转动为主运动，主要用于铣削各类台阶、沟槽、平面和曲面。

图 1-14a～c 所示分别为立式铣床的外观、铣削运动和铣削加工零件实例。

8. 刨插床

刨床（或插床）上刀具的直线移动为主运动，主要用于加工平面和直槽。

图 1-15a～c 所示分别为立式插床的外观、插削运动和插削加工零件实例。

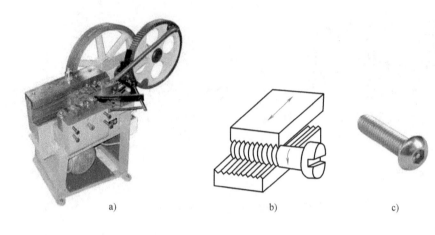

图 1-13　平板式搓丝机

a）外观　b）搓丝运动　c）搓丝加工零件实例

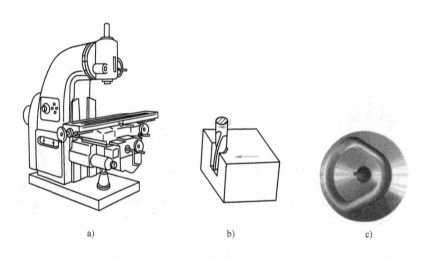

图 1-14　立式铣床

a）外观　b）铣削运动　c）铣削加工零件实例

9. 拉床

拉床上刀具（或工件）的直线移动为主运动，逐渐形成与刀具刀齿一致的工件形状。

图 1-16a～c 所示分别为卧式拉床的外观、拉削运动和拉削加工零件实例。

10. 锯床

锯床根据刀具不同，有圆锯床、带锯床和锯条锯床等，锯条的移动（或转动）为主运动，用锯齿形条状刀具切断工件。

图 1-17a、b 所示分别为卧式往复式锯条锯床的外观及锯削工件时的情景。

11. 其他机床

上述 10 类以外的机床归在"其他机床"类，如管子切断机等。

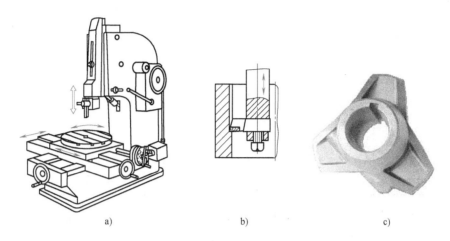

图 1-15 立式插床

a) 外观 b) 插削运动 c) 插削加工零件实例

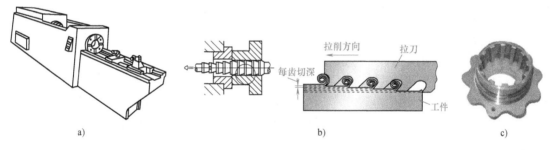

图 1-16 卧式拉床

a) 外观 b) 拉削运动 c) 拉削加工零件实例

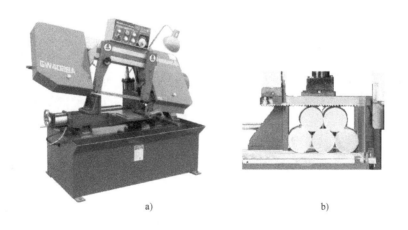

图 1-17 卧式往复式锯条锯床

a) 外观 b) 锯削工件时的情景

对上述每一类机床按工艺特点、布局形式、结构性能等不同分成 10 组，每组再分成 10 系。每类机床的代号用其名称的汉语拼音的第一个大写字母表示（见表 1-1），组和系的代号用数字 0~9 表示，组系代号含义可参考国家标准 GB/T 15375—2008《金属切削机床 型号编制方法》。

表 1-1　机床的分类和代号

类别	车床	钻床	镗床	磨床			齿轮加工机床	螺纹加工机床	铣床	刨插床	拉床	锯床	其他机床
代号	C	Z	T	M	2M	3M	Y	S	X	B	L	G	Q
读音	车	钻	镗	磨	2磨	3磨	牙	丝	铣	刨	拉	割	其

除以上基本分类方法外，还可按机床的万能性、加工精度及自动化程度等进行分类。

按照机床的万能性可分为：

通用机床：这类机床适用于单件小批生产，可以加工一定尺寸范围内的各种类型的零件，并可完成多种工序，加工范围较广，但其传动与结构比较复杂，如卧式车床、万能铣床等。

专门化机床：这类机床的生产率比通用机床高，但使用范围比通用机床窄，只能加工一定尺寸范围内的某一类（或少数几类）零件，完成某一种（或少数几种）特定工序，如凸轮轴车床、精密丝杠车床等。

专用机床：这类机床的生产率、自动化程度都比较高，但使用范围较窄，通常只能完成某一特定零件的特定工序，如汽车、拖拉机制造中大量使用的各种组合机床等。

按照机床的加工精度不同，可分为普通精度机床、精密机床及高精度机床。

按照机床的质量（重量）和尺寸不同，可分为仪表机床、中型机床、大型机床、重型机床（质量在 30t 以上）及超重型机床（质量在 100t 以上）。

按照机床的自动化程度，可分为手动、机动、半自动和自动机床。

二、机床型号的编制方法

机床型号是用汉语拼音字母和阿拉伯数字按一定规律排列组成的。我国现行的通用机床和专用机床的型号是按照 GB/T 15375—2008《金属切削机床 型号编制方法》编制的。通用机床型号的表示方法如图 1-18 所示。

1. 机床的类别代号

机床的类代号是以机床名称的汉语拼音的第一个大写字母表示的。每一类又可能分为若干分类。分类代号用阿拉伯数字表示，置于类别代号之前，居型号首位。但第一分类不予表示，如磨床类的三个分类应表示为 M、2M、3M。

2. 机床的特性代号

机床的特性代号由通用特性代号和结构特性代号两部分组成。

（1）通用特性代号　如某类型机床具有表 1-2 中所列的某种通用特性时，在类代号之后加上相应的通用特性代号，如 CM6132 型精密卧式车床型号中的"M"表示通用特性为"精密"。

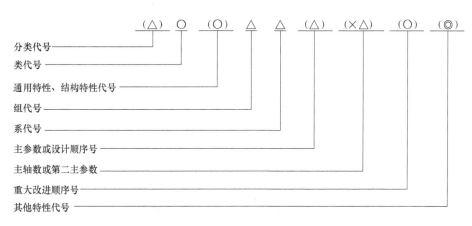

图 1-18　通用机床型号的表示方法

注：1. 有"（　）"的代号或数字，当无内容时不表示。若有内容则不带括号。

2. 有"〇"符号的，为大写的汉语拼音字母。

3. 有"△"符号的，为阿拉伯数字。

4. 有"◎"符号的，为大写的汉语拼音字母或阿拉伯数字或两者都有。

表 1-2　机床的通用特性代号

通用特性	高精度	精密	自动	半自动	数控	加工中心（自动换刀）	仿形	轻型	加重型	柔性加工单元	数显	高速
代号	G	M	Z	B	K	H	F	Q	C	R	X	S
读音	高	密	自	半	控	换	仿	轻	重	柔	显	速

（2）结构特性代号　为了区别主参数相同而结构不同的机床，在型号中用汉语拼音字母的大写区分，排列在通用特性代号之后，如 CA6140 型卧式车床型号中的"A"为结构特性代号，表示 CA6140 型卧式车床在结构上有别于 C6140 型卧式车床。

为避免混淆，通用特性代号的字母不能用作结构特性代号。可用作结构特性代号的字母有：A、D、E、L、N、P、R、S、T、U、V、W、X、Y，也可将这些字母中的两个组合起来表示，如 AD、AE 等。

3. 机床的组、系代号

每类机床划分为十个组，每组又划分为十个系列。机床的组、系代号用两位阿拉伯数字分别表示，第一位数字表示组别，第二位数字表示系列，位于类代号或通用特性代号（或结构特性）之后。例如，CA6140 型卧式车床型号中的"61"，说明它属于车床类 6 组、1 系列。

4. 主参数或设计顺序号

主参数是表示机床规格大小及反映机床最大工作能力的一种参数，以机床最大加工尺寸或与此有关的机床部件尺寸的折算值表示，位于组、系代号之后。

各种型号的机床，其主参数的折算系数可以不同，一般来说，对于以最大棒料直径为主参数的自动车床、以最大钻孔直径为主参数的钻床和以额定拉力为主参数的拉床，其折算系数为 1；对于以床身上最大工件回转直径为主参数的卧式车床、以最大工件直径为主参数的绝大多数齿轮加工机床、以工作台工作面宽度为主参数的立式铣床和卧式铣床、绝大多数镗床和磨床，其主参数的折算系数为 1/10；大型的立式车床、龙门刨床、龙门铣床的主参数折算系数为 1/100。

5. 第二主参数

第二主参数一般是指主轴数、最大跨距、最大工件长度、最大模数、最大车削（磨削、刨削）长度及工作台工作面长度等。它在型号中的表示方法如下：

1）多轴机床的主轴数，以实际的轴数标于型号中主参数之后，并用"·"分开。

2）当机床的最大工件长度、最大加工长度、工作台工作面长度、最大跨距、最大模数等第二参数变化，引起机床结构产生较大变化时，为了区分，将第二主参数列入型号的末端并用"×"分开。第二主参数属于长度、跨距、行程的折算系数为 1/100；属于直径、深度、宽度的折算系数为 1/10；最大模数、厚度等以实际值列入型号。

6. 重大改进顺序号

当机床的性能及结构布局有重大改进，并按新产品重新设计、试制和鉴定后，应在机床型号中加重大改进顺序号以示区别。重大改进顺序号按改进的次序分别用汉语拼音字母（大写）A、B、C 等表示。例如：型号 CG6125B 中的"B"表示 CG6125 型高精度卧式车床的第二次重大改进。

机床型号识读举例：

C6132D——床身上最大回转直径为 320mm 的卧式车床，第四次重大改进。

XQ6132B——工作台面宽度为 320mm 的卧式轻型铣床，第二次重大改进。

Z3040——最大钻孔直径为 40mm 的摇臂钻床。

MM7132——工作台面宽度为 320mm 的精密卧轴矩台平面磨床。

三、机床传动基础知识

1. 机床的基本组成

机床的种类规格繁多，结构也各不相同，但机床都是由运动源、传动装置和执行件三个基本部分组成的。

（1）运动源　为执行件提供动力的装置，通常为电动机。普通机床常采用交流异步电动机或直流电动机，数控机床常采用交、直流伺服电动机，步进电动机，交流变频电动机等。

（2）传动装置　机床中传递动力和运动的装置，由各种传动机构和电、液、气信号组成。将输入到传动装置的运动和动力进行方向、大小的改变，或进行运动的切断和接通。

（3）执行件　实现机床切削运动的部件。常用执行件有主轴、刀架、工作台等，是传递机床运动的末端件。值得注意的是，在机床成形运动中无相对运动的执行件的组成部分可视为同一整体，如车床的主轴-卡盘-工件、车刀-刀架-横向滑板，铣床的工作台-夹具-工件等，均视为单个执行件。

例如，立式钻床和卧式车床的基本组成分别如图 1-19a、b 所示。

2. 机床传动链与传动原理图

（1）传动链的概念　在机床中按一定顺序连接成传动联系的一系列顺序排列的传动件称为传动链。这些传动件按其传动比是否可调整分为定比机构和变比（变速）机构，以满

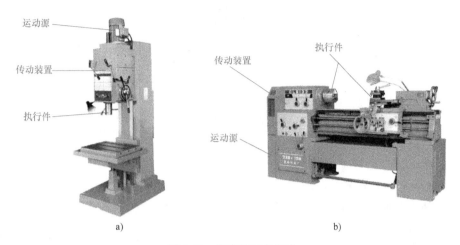

图 1-19 机床的基本组成
a）立式钻床 b）卧式车床

足表面成形运动的需要。

传动链按末端件不同，可分为外传动链和内传动链两种。

末端件为运动源和执行件的称为外传动链，可以实现单一的表面成形运动，如从电动机到主轴的运动联系形成一条外传动链。

末端件为执行件和另一执行件的称为内传动链，可以实现执行件之间保持准确的相对运动关系（即联动关系），完成加工复杂表面的复合成形运动。例如，车床加工螺纹时，从主轴到刀架之间的传动链即为内传动链。由于内传动链不包含运动源，故其执行件的运动和动力仍需由另一外传动链提供。

对于普通机床而言，由于外传动链的端件之一运动源通常为三相异步电动机，受到电动机性能的限制，传动链的另一端执行件的运动精度较低。而对于内传动链，只要提高两端件之间的传动件的制造精度，就能获得较高的联动精度。所以普通机床常采用较少的外传动链和较多的内传动链，以达到机床不同的表面成形运动的形状和精度要求。

对于数控机床而言，运动源是在数控系统控制之下的各类变速电动机，故以外传动链居多，执行件的运动精度取决于数控系统性能与电动机性能，以及定比传动机构的制造精度。

（2）传动原理图 为了便于分析机床的传动联系（传动链），常用一些简单的符号把传动原理和传动路线用图表示出来，称为传动原理图。图 1-20 所示为传动原理图中常用的一些符号。对于各类执行件一般采用较直观的简单图形来表示。

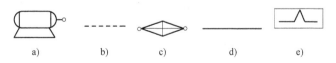

a) b) c) d) e)

图 1-20 传动原理图中常用的一些符号
a）电动机 b）定比传动联系 c）变比传动联系 d）电信号传动联系 e）脉冲发生器

图 1-21 所示为普通立式铣床铣直槽的传动原理图。主电动机至立铣刀为主运动传动链，

通过 u_v 变比装置获得铣刀转速的变化。进给电动机至工作台（工件）为进给传动链，通过 u_f 变比装置获得不同的工作台移动速度，即进给速度。铣削直槽为简单成形运动，铣刀转速与进给速度不需要精确的相对位移要求，这两条传动链均为独立运动源的外传动链。

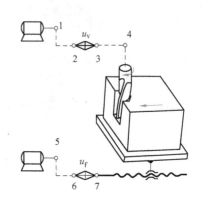

图 1-22 所示为卧式普通车床车螺纹传动原理图，由于螺纹的导程需要较高的精度，在车削时要求主轴与刀具保持精确的相对位移，故进给传动联系采用内传动链形式，与主运动共用同一个运动源，实现了车螺纹这一表面复合成形运动。

图 1-23 所示为卧式数控车床车螺纹传动原理图，图形上看似为两条具有独立运动源的外传动链，实际上数控机床的数控系统通过安装在各传动链上的检测元件与电动机保持电信号连接，所以从主轴到刀具有着"主轴—脉冲信号—系统—进给电动机"的传动联系，故属于电信号内传动链。

图 1-21　普通立式铣床铣直槽的传动原理图

比较图 1-22 与图 1-23 可知，对于装有全变速电动机的数控机床而言，各变比装置的功能已经被电动机取代。

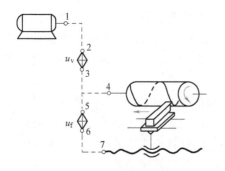

图 1-22　普通车床车螺纹传动原理图

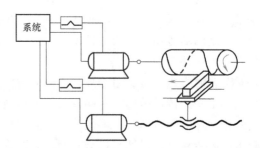

图 1-23　数控车床车螺纹传动原理图

（3）机床传动系统图及常用传动件符号　机床传动原理图仅表达为实现表面成形运动所需的传动链，机床传动系统图则在传动原理图的基础上绘制出组成传动链的全部传动件的简图符号，以表达传动件的类型、连接方式、传动参数和结构特征等信息，使机床传动系统图能详细反映机床传动装置的全貌。随着机床数控技术的发展，数控机床中机械传动部分逐步被电气传动替代，机床传动系统图也相应简单化。

为了简化机床系统图，机床传动件用简图符号绘制，常用的传动件简图符号见表1-3。

在机床传动中，轴与轮毂的连接方式是重要传动联系之一，当轴与传动件轮毂为空套连接时，其连接结构与对应的简图符号如图 1-24 所示，表示轴和传动件的转动相互独立；紧固连接（如平键连接）时连接结构与对应的简图符号如图 1-25 所示，表示轴和轮毂为一整体（转动或静止）。当轴与传动件的轮毂为导向连接时，轴和轮毂为一整体（转动或静止），但轴和轮毂可做轴向相对移动。

表 1-3　常用的传动件简图符号

名称	图形	符号	名称	图形	符号
轴			滑动轴承		
滚动轴承			止推轴承		
双向摩擦离合器			双向滑动齿轮		
螺杆传动（整体螺母）			螺杆传动（开合螺母）		
平带传动			V 带传动		
齿轮传动			螺杆传动		
齿轮齿条传动			锥齿轮传动		

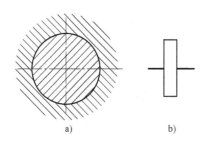

图 1-24　空套连接
a) 连接结构　b) 简图符号

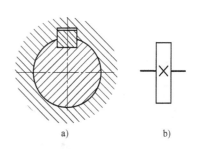

图 1-25　紧固连接
a) 连接结构　b) 简图符号

图 1-26a 所示为导键导向连接，图 1-26b 所示为花键导向连接，后者的对中精度和承载能力均超过前者，为机床滑移齿轮变速常用方式。

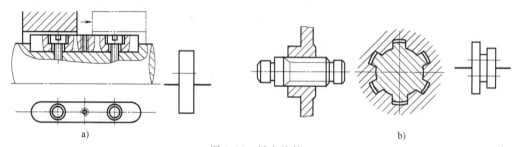

图 1-26　导向连接

a）导键导向连接　b）花键导向连接

机床传动系统图实例及分析，将在以后有关章节中阐述。

第三节　数控机床分类与型号识读

GB/T 15375—2008《金属切削机床 型号编制方法》中，对数控机床用通用特性符号 K、H 等表示机床的数控功能，由于数控机床制造技术发展迅速，机床品种和功能指标众多，性能差异显著，实际上目前机床制造企业采纳国标编制型号的并不多，在此对数控机床从不同的分类角度做一概略介绍。

一、按加工工艺方法分类

1. 普通型数控机床

在传统的车床、铣床、钻床、磨床等普通机床的基础上发展而成的数控机床包括数控车床、数控铣床、数控钻床、数控磨床等，其外形如图 1-27 ~ 图 1-30 所示。普通机床与对应的数控机床相比，基本机床运动变化不大，但运动控制方式的改变使得机床的加工范围扩大，加工表面复杂程度提高，加工精度和自动化程度提高。

2. 加工中心

具有刀具自动交换功能（也称为自动换刀功能）的数控机床称为加工中心。图 1-31 所示为镗铣加工中心，图 1-32 所示为钻削加工中心，它们有一个共同的特点，就是装有较多

图 1-27　数控车床

图 1-28　数控铣床

数量刀具的独立刀库，并且能够在刀库和主轴（动力头）之间进行刀具自动交换，工件一次装夹后，可完成工件（如箱体、复杂回转体等）的四面、五面甚至绝大部分表面的铣、镗、钻、扩、铰以及攻螺纹等多工序加工，特别适合复杂曲面和箱体类零件的加工。

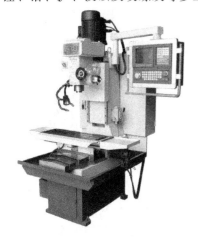

图 1-29　数控钻床

图 1-30　数控磨床

图 1-31　镗铣加工中心

图 1-32　钻削加工中心

　　由于加工中心工序高度集中，可消除工件多次安装引起的定位误差，而且减少了机床种类，简化了工装，缩小了占地面积，缩短了辅助时间，显著提高了生产率和加工质量。

　　值得指出的是，目前在国际上仍将具有自动换刀功能的数控机床归类为普通数控机床，如将镗铣加工中心称为自动换刀数控铣床，而将多轴联动数控机床称为加工中心。

　　3. 多轴联动数控机床

　　数控车床通常为 X 和 Z 两坐标轴联动。数控铣床和加工中心通常为 X、Y、Z 三坐标轴联动，增加数控分度头附件后可增加一个转动坐标轴 A 或 B，为四轴联动。随着工件加工表面复杂程度的提高，以及对工序高度集中的要求，出现了五轴甚至具有更多坐标轴联动的数控机床，一般将具有五轴及以上坐标轴联动功能的数控机床称为多轴联动数控机床。多轴联动功能的机床运动由可摆动主轴或多自由度工作台实现。图 1-33 所示为五轴联动车铣复合加工中心，图 1-34 所示为五轴联动铣削加工中心。

　　由于坐标轴的增加，使得加工同样曲面的刀具能比三轴联动机床在更加合理的空间位置切削，如球面铣刀能避开顶点线速度为零的切削位置，优化了切削几何角度，从而提高了复杂曲面的加工精度。

图 1-33　五轴联动车铣复合加工中心

图 1-34　五轴联动铣削加工中心

4. 特种加工类数控机床

　　除了切削加工数控机床以外，数控技术还应用于数控电火花线切割机床、数控电火花成形机床、数控等离子弧切割机床、数控火焰切割机床以及数控激光加工机床等。这类机床的共同特点为不采用机械作用方法去除工件上多余的金属层，而将非机械能通过一定的形式转化后直接作用于工件表面，适用于超硬、超薄、超脆、超细微加工表面等工件。图 1-35 所示为数控电火花线切割机床，图 1-36 所示为数控激光加工机床（局部）。

图 1-35　数控电火花线切割机床

图 1-36　数控激光加工机床（局部）

5. 成形类数控机床

　　常见的材料成形加工数控机床有数控压力机、数控剪板机和数控折弯机等。采用挤压、延伸、裁切等机械作用下不切削表层的方法改变工件的形状。图 1-37 所示为数控折板机，图 1-38 所示为数控弯管机。

二、按控制运动轨迹分类

1. 点位控制数控机床

　　点位控制数控机床的特点是机床移动部件只能实现由一个位置到另一个位置的精确定位，在移动和定位过程中不进行任何加工。如图 1-39 所示，机床数控

图 1-37　数控折板机

系统只控制行程终点的坐标值，不控制点与点之间的运动轨迹，因此各坐标轴之间的运动无任何联系。可以几个坐标同时向目标点运动，也可以各个坐标单独依次运动。

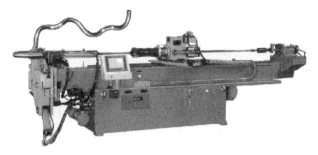

图 1-38 数控弯管机

这类数控机床主要有数控坐标镗床、数控钻床、数控冲床、数控点焊机等。点位控制数控机床的数控装置称为点位数控装置。点位控制数控机床虽没有联动功能，但其点位数控系统功能简单、成本低、点位的坐标精度易控制、性价比高，具有一定的实用价值。

2. 直线控制数控机床

直线控制数控机床可控制刀具或工作台以适当的进给速度，沿着平行于坐标轴的方向进行直线移动和切削加工，进给速度根据切削条件可在一定范围内变化。

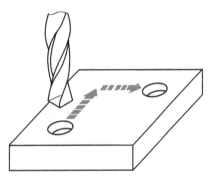

图 1-39 点位控制示意图

直线控制的简易数控车床只有两个坐标轴，如图 1-40a 所示，只可加工阶梯轴。直线控制的数控铣床有三个坐标轴，如图 1-40b 所示，只可用于铣削平面和与坐标轴平行的直槽。

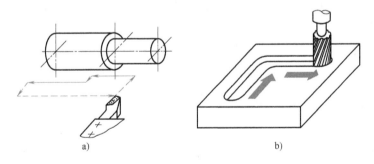

a)   b)

图 1-40 直线控制示意图

a）数控车床车阶梯轴 b）数控铣床铣直槽

直线控制数控机床没有联动功能，数控车床不能车削圆锥面，数控铣床不能铣削斜向直槽，即不能加工所有与坐标轴不平行的轮廓，功能比较单一，故此类数控机床目前已经很少生产了。

3. 轮廓控制数控机床

轮廓控制（又称为连续轨迹控制）数控机床能够对两个或两个以上坐标运动的位移及速度进行连续相关的控制，即坐标轴联动，使合成的平面或空间的运动轨迹能满足零件轮廓的要求。图 1-41 所示为两坐标轴联动的轮廓控制示意图，轮廓控制不仅能控制机床移动部件的起点与终点坐标，而且能控制整个加工轮廓每一点的速度和位移，将工件加工成要求的轮廓形状。

常用的数控车床、数控铣床、数控磨床就是典型的轮廓控制数控机床。数控火焰切割机床、电火花加工机床以及数控绘图机等也采用了轮廓控制系统。轮廓控制系统的结构要比点位/直线控制系统更为复杂，在加工过程中需要不断进行插补运算，然后进行相应的速度与位移控制。

现在计算机数控装置的控制功能均由软件实现，增加轮廓控制功能不会带来成本的大幅增加。因此，除少数专用控制系统外，现代计算机数控装置都具有轮廓控制功能。

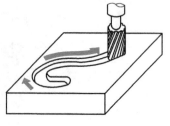

图 1-41　两坐标轴联动的轮廓控制示意图

三、按驱动装置的特点分类

1. 开环控制数控机床

图 1-42 所示为开环控制数控机床系统框图。

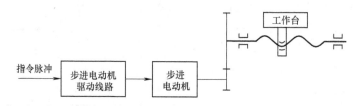

图 1-42　开环控制数控机床的系统框图

开环控制数控机床的控制系统没有位置检测元件，伺服驱动部件通常为反应式步进电动机或混合式伺服步进电动机。数控系统每发出一个进给指令，经驱动电路功率放大后，驱动步进电动机旋转一个角度，再经过齿轮减速装置带动丝杠旋转，通过丝杠螺母机构转换为移动部件的直线位移。移动部件的移动速度与位移量是由输入脉冲的频率与脉冲数决定的。此类数控机床的信息流是单向的，即进给脉冲发出去后，实际移动值不再反馈回来，所以称为开环控制数控机床。

开环控制系统的数控机床结构简单、成本较低，但系统对移动部件的实际位移量不进行监测，也不能进行误差校正。因此步进电动机的失步、步距角误差、齿轮与丝杠等传动误差都将影响加工零件的精度。开环控制系统仅适用于加工精度要求不是很高的中小型数控机床，特别是简易经济型数控机床。

2. 闭环控制数控机床

闭环控制数控机床在机床传动链的末端-执行件（通常为移动件）上安装位移检测装置，对执行件的实际位移进行检测，将测量的实际位移值反馈到数控装置中，与输入的指令位移值进行比较，用差值对机床进行控制，使移动部件按照实际需要的位移量运动，最终实现移动部件的精确运动和定位。从理论上讲，闭环系统的运动精度主要取决于检测装置的检测精度，而与传动链的误差无关，因此其控制精度高。

图 1-43 所示为闭环控制数控机床的系统框图。图中 A 为速度传感器、C 为直线位移传感器。当位移指令值发送到位置比较电路时，若工作台没有移动，则没有反馈量，指令值使得伺服电动机转动，通过 A 将速度反馈信号送到速度控制电路，通过 C 将工作台实际位移量反馈回去，在位置比较电路中与位移指令值相比较，用比较后得到的差值进行位置控制，直至差值为零时为止。这类控制的数控机床，因把机床执行件纳入了控制环节，故称为闭环控制数控机床。

闭环控制数控机床的定位精度高，但调试和维修都较困难，系统复杂，价格高。通常作为高精度要求的工件加工设备少量采购，或者作为企业的关键设备之一。

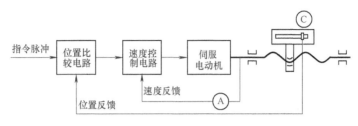

图 1-43 闭环控制数控机床的系统框图

3. 半闭环控制数控机床

半闭环控制数控机床是在传动链的中间段（如伺服电动机的轴或数控机床的传动丝杠上）装有角位移电流检测装置（如光电编码器等），通过检测丝杠的转角间接地检测执行件的实际位移，然后反馈到数控装置中去，并对误差进行修正。

图 1-44 所示为半闭环控制数控机床的系统框图。图中 A 为速度传感器、B 为角度传感器。通过速度传感器 A 和角度传感器 B 可间接检测出伺服电动机的转速，从而推算出工作台的实际位移量，将此值与指令值进行比较，用差值来实现控制。由于检测元件安装在传动链的中间段上，而非末端-执行件的位置，即实际位移反馈点在传动链运动传递的"半途"中，因而称为半闭环控制数控机床。

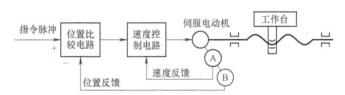

图 1-44 半闭环控制数控机床的系统框图

目前大多将角度、位移检测装置和伺服电动机设计成一体，使结构更加紧凑。

半闭环控制数控系统的调试比较方便，并且具有很好的稳定性。制造成本远低于闭环控制，故获得广泛应用。由于半闭环控制数控系统的反馈点设在执行件位置之前，反馈点与执行件之间的传动误差无法获得检测和修正，所以半闭环控制数控系统的加工精度低于闭环控制数控系统机床。

四、数控机床型号识读

虽然 GB/T 15375—2008《金属切削机床 型号编制方法》使用范围包括通用机床和数控机床，但由于目前数控机床设计规范的统一程度不高，而且同类数控机床的性能差别较大，故为数不少的厂家数控机床型号仍未采用国家标准规定的编制方法，尤其是高性能数控机床，多数按企业标准进行机床型号编制，机床型号中一般含有制造企业名称、机床布局、主参数等信息，没有统一的编制规则，需要从企业提供的机床说明书中查取机床型号的具体含义。国际上也没有为数控机床型号编制统一规则。

例如，数控机床著名制造企业"杭州友佳精密机械有限公司"的数控机床命名规则如下：

1. FV 系列立式加工中心

FV800（A）：F—友佳公司（FEELER）；V—立式布局（Vertical）；800—X 轴行程 800mm；A—机械臂式换刀（ARM）。

代表机型：FV800、FV1300、FV1600。

2. 龙门型加工中心

FV2215：F—友佳公司（FEELER）；V—立式；22—X 轴行程 2200mm；15—Y 轴行程 1500mm。

代表机型：FV2212、FV2812、FV3212、FV2215、FV2219、FV3215 FV3224、FV7240 等。

3. VB 系列三轴全硬轨系列

VB610（A）：V—立式加工中心；B—方轨（Block）；610—Y 轴行程 610mm。

代表机型：VB610（A）、VB715（A）、VB825（A）、VB900（A）、VB1000（A）。

4. VM-S 系列立式加工中心

VM32-SA：V—立式；M—加工中心；32—X 轴行程 32in（1in＝25.4mm）。

代表机型：VM32-SA、VM40-SA。

5. FMH 系列卧式加工中心

FMH-400：F—友佳公司（FEELER）；M—加工中心；H—卧式；400—工作台尺寸 400mm×400mm。

代表机型：FMH400、FMH500、FMH630。

6. QM 系列高速立式加工中心

QM32：Q—高速；M—加工中心；32—X 轴行程 32in。

代表机型：QM32、QM40。

7. TV510 钻孔攻螺纹机

TV510：T—攻螺纹；V—立式；510—X 轴行程 510mm。

从以上实例可以总结出数控机床型号编制的大致规则，很多高性能数控机床型号通常由三部分组成：制造机床的企业字母+机床类型、布局特点+机床某个主要参数。

第四节　机床分类与型号识读认知实践

走进机械加工车间现场，你会看到正在运行中的各式各样的机床。根据机床外形特征、机床加工过程、机床型号、加工的工件类型和加工表面特征、机床说明书等直观信息，初步认知机床的功能，辨别机床的类型，识读机床的型号，这也是学习机床装调技能、分析机床构造与传动原理的重要内容之一。

每一类加工设备都有其特定的功能，适合制造某一类工件或加工某一些特定表面。要对它们进行由表及里、逐步深入的认知，可从以下几个方面入手：

1. 观察机床加工工件的加工表面变化

通过观察放置在机床旁边的工件加工前后的形状变化，以及工件已加工表面的加工纹路，可以初步判断出该机床的主要功能和加工工艺范围，此为判断机床类型的第一步。

2. 观察机床的表面成形运动

通过分析机床的表面成形运动，首先找出线速度最高的机床运动，即主运动；再观察保持切削运动持续的进给运动，结合成形运动观察和分析机床进给导向装置（通常为导轨），判断进给的方向，从而可以进一步确定该机床的类型和功能。

3. 机床信息采集

记录机床铭牌上（或机床防护罩等表面处）标识的机床型号，对照前述的机床型号识读方法，即可了解该机床的类型、通用结构特性和主参数等机床主要信息。要注意国产机床与进口机床、机床新型号与旧型号、数控与普通机床的区别以及机床制造年代等因素，它们都有可能影响机床型号的编制。

阅读机床技术说明书，向机床管理和操作者问询，更加全面和深入了解机床的详细性能、特点和技术参数。

习　　题

1. 写出本校实训中心（或校办工厂）中普通机床和数控机床各 5 个型号，并解释机床型号的含义。

2. 解释下列机床型号的含义：

X6132　XK5032　L6120　CB3463　C1312　B2010　CK5112　T6113

3. 图 1-45 所示为某立式钻床的主轴箱传动系统图。试完成以下内容：

1）分析主轴的转速级数。

2）计算主轴 V 的最高、最低转速。

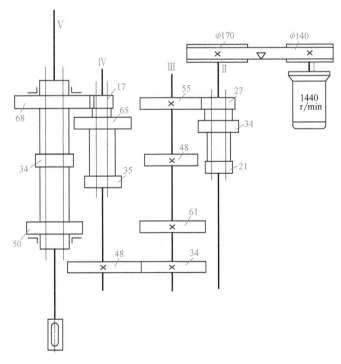

图 1-45　习题 3 图

第二章

数控机床机械组件

 学习导引

数控机床的机械部分由若干个复杂部件组成，部件又由零件和单一部件组成，将已实现标准化制造的那部分称为机械组件（或称为标准化部件），同类的机械组件可在不同类型的数控机床上的不同部位应用。机械组件是学习数控机床机械装调的重要基础之一。

 学习目标

对数控机床常用机械组件的功能、结构和工作原理有基本认知，会使用工具和量具拆装测绘这些常用组件，能初步掌握组件的维护方法，了解和识别组件的精度及其对机床的影响。

 学习重点和难点

本章学习的重点是滚珠丝杠副机械组件，难点是各种典型的机械组件的实际应用与选用。

第一节　常用传动组件

数控机床对机械传动性能要求较高，因此从一些传统的传动方式（如滑动螺旋传动、带传动、齿轮传动等）演化出一些性能高、缺点少的新型传动方式，广泛应用在数控机床等先进的机械设备中。由于上述新型传动方式的机构复杂程度介于部件和零件之间，故称其为组件。

一、滚珠丝杠副

滚珠丝杠副是一种将若干滚珠置于螺旋传动机构的内、外螺旋面之间一种机械组件，可将滚动摩擦下的回转运动转化为直线运动，具有传动精度高、寿命长、可进行高速传动等特性，已成为精密机械设备重要的机械组件之一，获得了广泛应用。各种类型的滚珠丝杠副的实物外形如图 2-1 所示。

早在 19 世纪末人们就发明了滚珠丝杠副，但因其制造难度太大而在很长一段时期内未能实际应用。直

图 2-1　各种类型的滚珠丝杠副的实物外形

到1940年，美国通用汽车公司才开始成批生产用于汽车转向机构的滚珠丝杠副。1943年，滚珠丝杠副开始用于飞机驾驶传动机构中。精密螺纹磨床的出现使滚珠丝杠副在精度和性能上获得大幅度提高。随着数控机床的出现和各种自动化设备的发展，滚珠丝杠副终于获得广泛的应用。与传统的滑动螺旋机构相比，滚珠丝杠副传动具有以下一些优点：

1）摩擦因数小，传动效率高，相同载荷作用下所需传动转矩只需滑动螺旋机构的约四分之一。

2）灵敏度高，传动平稳，不易产生爬行，随行精度和定位精度高。

3）磨损小，寿命长，精度保持性好。

4）可通过预紧或间隙消除措施来提高轴向刚度和反向精度。

5）运动具有可逆性。

滚珠丝杠副的缺点：制造工艺复杂，成本高；在垂直安装时不能自锁，需附加制动机构。

1. 滚珠丝杠副的工作原理

滚珠丝杠副的工作原理如图2-2a所示，丝杠3和螺母1上都加工有近似半圆弧形的螺旋槽，当它们对合起来就形成了螺旋滚道。在滚道内装有一组滚珠2，当丝杠3与螺母1做相对转动时，滚珠在摩擦力的作用下沿螺旋槽向前滚动，在丝杠上滚过数圈以后通过回程引导装置，又逐个地折返回出发位置，在空间形成一个由一系列滚珠组成的闭合回路，如图2-2b所示。

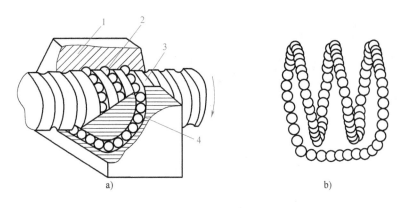

图2-2 滚珠丝杠副的工作原理和滚珠循环回路

a）工作原理 b）滚珠循环回路

1—螺母 2—滚珠 3—丝杠 4—滚珠返回通道

2. 滚珠丝杠副的结构

滚珠丝杠副的螺旋滚道法向截面有单圆弧和双圆弧两种不同的形状，图2-3a所示为单圆弧滚道，图2-3b所示为双圆弧滚道。其中单圆弧滚道工艺简单，但是滚珠与滚道接触面积很小，在驱动力的作用下滚动体会发生错位，降低了传动性能。双圆弧滚道制造工艺较复杂，滚道与滚珠接触面积大，传动性能较好，故应用广泛。

3. 滚珠的循环方式

滚珠在运行过程中的折返方式有两种，其中滚珠的折返通道脱离开丝杠外表面的称为外循环方式，始终与丝杠外表面接触的折返方式称为内循环方式。

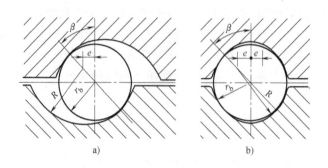

图 2-3　螺旋滚道法向截面形式

a）单圆弧　b）双圆弧

（1）外循环　滚珠在循环过程结束后，通过丝杠外表面以外的折返方式有插管式、螺旋槽式等。图 2-4 所示为插管式折返，用固定在螺母上的特制弯管作为反向器（图中未绘出弯管固定装置），这种折返方式对螺母而言工艺性好，滚珠承载圈数较多，因而承载能力较大。但由于管道突出于螺母体外，径向尺寸较大。此外由于弯管为薄壁件，其制造精度较难控制，管道和丝杠接缝处很难做得平滑，弯管在和滚珠的作用下容易磨损或发生故障等。

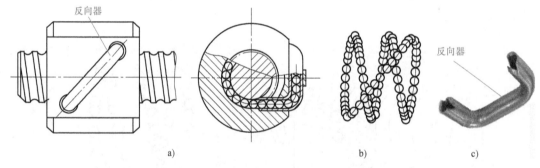

图 2-4　插管式折返

a）结构　b）滚珠循环回路　c）反向器实物

在螺母外圆上将插管改为铣出的螺旋槽，槽的两端钻出通孔并与螺纹滚道相切，形成返回通道，这种折返方式称为螺旋槽式折返，除保持插管式折返的优点外，比插管式结构径向尺寸小，但制造工艺较复杂。图 2-5 所示为螺旋槽式折返，滚珠从其中一个端盖部位开始折返，通过螺母上贯穿的通道返回到另一个端盖的开始位置，进入螺母与丝杠之间的螺旋槽向前做滚动循环。螺旋槽式折返容易控制返还装置和通道的制造精度，材料强度高，适用于较高速运转的丝杠螺母副。

（2）内循环　内循环结构靠螺母上安装的反向器接通相邻滚道，使滚珠成单圈环，如图 2-6 所示，滚珠从螺纹滚道进入反向器，借助反向器迫使滚珠越过丝杠牙顶进入相邻滚道实现折返循环。通常一个螺母上安装 2~4 个沿螺母圆周等分分布的反向器，增加同时承载的滚珠圈数。

内循环的优点是径向尺寸紧凑、刚性好，因其返回滚道较短，所以摩擦损失小；缺点是反向器所在区域的承载不连续，承载能力整体上不如外循环。

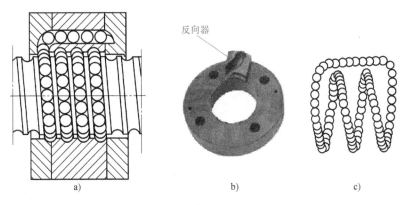

图 2-5 螺旋槽式折返

a）结构 b）端盖 c）滚珠循环回路

内循环根据反向器结构不同分为浮动式和固定式两种。

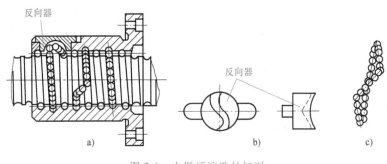

图 2-6 内循环滚珠丝杠副

a）结构 b）反向器 c）滚珠循环回路

各种国产滚珠丝杠副不同循环方式的比较见表 2-1。

4. 滚珠丝杠副轴向间隙的调整

滚珠丝杠副的传动间隙为轴向间隙。为了保证反向传动精度和传动刚度，必须减小或消除轴向间隙。通常利用两个滚珠螺母的相对轴向位移，使其中的滚珠分别贴紧在螺旋滚道的两个相反的侧面上，从而消除间隙。用这种方法预紧消除轴向间隙时，应注意预紧力不宜过大，预紧力过大会使空载力矩增加，从而降低传动效率，缩短使用寿命。此外还要消除丝杠安装部分和驱动部分的间隙。

常用的滚珠丝杠副轴向间隙调整方法有：

（1）垫片调隙 如图 2-7 所示，调整垫片厚度使周向定位的左右两个螺母产生轴向位移，即可消除间隙和产生预紧力。这种方式结构简单、刚性好，应用广泛。采用垫片调隙调整时需要卸下调整垫片修磨，滚道有磨损时不能随时消除间隙和进行预紧。

（2）螺纹调隙 如图 2-8 所示，滚珠丝杠左右两个螺母以平键与外套相连，用平键限制螺母在螺母座内的转动。调整时只要拧动调整螺母 1 即可消除间隙并产生预紧力，然后用止退螺母 2 锁紧。这种调整方法具有结构简单、工作可靠、调整方便的优点，但预紧量不是很准确，且在使用过程中容易松动。

表 2-1　各种国产滚珠丝杠副不同循环方式的比较

循环方式	内循环		外循环	
	浮动式	固定式	插管式	螺旋槽式
代号	F	G	C	L
含义	在整个循环过程中,滚珠始终与丝杠螺纹的各滚切表面接触		滚珠循环反向时,离开丝杠螺纹滚道,在螺母体内或体外循环运动	
结构特点	循环滚珠链最短,螺母外径比外循环小,结构紧凑,反向装置刚性好,寿命长,扁圆型反向器的轴向尺寸短,制造工艺复杂		循环滚珠链较长,轴向排列紧凑,承载能力较强,径向尺寸较大	
	具有较好的摩擦特性,预紧力矩为固定反向器的1/4~1/3。在预紧时,预紧力矩 M_t 上升平缓	制造装配工艺性不佳,摩擦特性次于F型,优于L型	结构简单,工艺性优良,适合成批生产。回珠管可设计、制造成较理想的运动通道	在螺母体上的回珠螺旋槽与回珠孔不易准确平滑连接,拐弯处曲率变化较大,滚珠运动不平稳。挡珠机构刚性差,易磨损
适用场合	各种高灵敏度、高刚度的精密进给定位系统。重载荷、多线螺纹、大导程不宜采用	各种高灵敏度、高刚度的精密进给定位系统。重载荷、多线螺纹、大导程不宜采用	重载荷传动,高速驱动及精密定位系统。在大导程、小导程、多线螺纹中显示出独特优点	一般工程机械、机床。在高刚度传动和高速运转的场合不宜采用
备注	内循环产品中有发展前途的结构	正逐渐被F型取代	目前应用最广泛的结构	

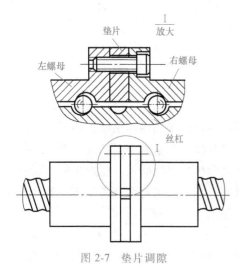

图 2-7　垫片调隙

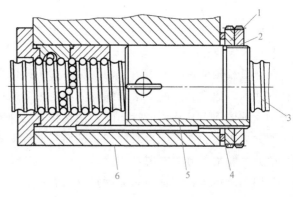

图 2-8　螺纹调隙

1—调整螺母　2—止退螺母　3—滚珠丝杠

4—平垫片　5—滚珠螺母　6—螺母座

（3）齿差调隙　如图 2-9 所示,在两个螺母的凸缘上各制有右端外齿轮 1 与左端外齿轮 2,分别与紧固在套筒两端的右端内齿圈 4 与左端内齿圈 5 相啮合,啮合的内外齿轮的齿数相同,设左右端两对内外齿轮的齿数分别为 z_1 和 z_2,z_1 和 z_2 相差 1。调整时先取下内齿圈,

让两个螺母相对于套筒同方向都转动 1 个齿，然后装入内齿圈，则两个螺母便产生相对角位移，由此产生的轴向位移 S 为

$$S = (1/z_1 - 1/z_2) L$$

式中 L——滚珠丝杠的导程（mm）。

例如：设 $z_1 = 80$、$z_2 = 81$、滚珠丝杠的导程 $L = 6$，则计算得轴向位移 S 为

$$\begin{aligned} S &= (1/z_1 - 1/z_2) L \\ &= (1/80 - 1/81) \times 6mm \\ &= 6mm / 6480 \approx 0.001mm \end{aligned}$$

即当两个螺母上外齿轮同方向转过 1 齿时，内齿圈位置不变，但由于齿数差的原因，两个螺母之间的轴向距离就变动了 0.001mm，从而获得精确的轴向间隙调整量。这种方法调整方便，调整量精确可控，但结构尺寸较大，多用于高精度的传动。

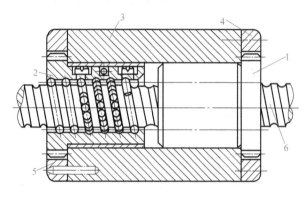

图 2-9 齿差调隙

1—右端外齿轮 2—左端外齿轮 3—螺母座
4—右端内齿圈 5—左端内齿圈 6—滚珠丝杠

（4）单螺母变位螺距预加负荷 如图 2-10 所示，在滚珠螺母体内两组循环滚珠链之间的螺纹滚道的轴向产生一个 ΔL_0 的导程突变量，使两组滚珠在轴向错位从而实现预紧。这种调隙方法结构简单，但负荷量须预先设定且不能改变。

国产滚珠丝杠副预加负荷方式及其特点见表 2-2。

5. 滚珠丝杠副的安装

数控机床的进给系统要获得较高的传动刚度，除了加强滚珠丝杠副本身的刚度外，滚珠丝杠的正确安装及支承结构的刚度也是不可忽视的因素。滚珠丝杠副常用推力轴承支座，以提高轴向刚度（当滚珠丝杠副的轴向负载很小时，也可用角接触球轴承支座），滚珠丝杠副在数控机床上的安装支承方式有图2-11 所示的几种。

图 2-11a 所示为一端固定形式，丝杠的固定端承受径向力和两个方向的轴向力，用套杯式轴承座结合

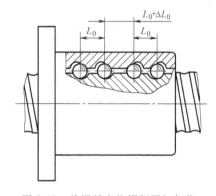

图 2-10 单螺母变位螺距预加负荷

锁紧螺母固定轴承的位置，而另一端只承受径向力，外圈的轴向位置不做固定，故轴承能做轴向移动，丝杠受热后能自由地向外伸长。这种结构用于对轴向刚度要求不高的场合，如丝杠很短，还可将非固定端的径向支承取消，形成单支承的悬臂结构。

图 2-11b 所示为两端固定形式，将承受两个方向轴向力的两对止推轴承组合分别安装在丝杠两端，以便对丝杠进行预紧，提高丝杠的轴向刚度。当预紧力不小于丝杠轴向负荷的 1/3 时，其刚度可提高 4 倍之多。

表 2-2 国产滚珠丝杠副预加负荷方式及其特点

预加负荷方式	双螺母齿差预紧	双螺母垫片预紧	双螺母螺纹预紧	单螺母变导程自预紧	单螺母钢珠过盈预紧
代号	C	D	L	B	—
螺母受力方式	拉伸式	拉伸式压缩式	拉伸式（外）、压缩式（内）	拉伸式（$+\Delta L$）、压缩式（$-\Delta L$）	—
结构特点	可实现 0.002mm 以下精密微调，预紧可靠，不易松弛，调整预紧力较方便	结构简单，刚性高，预紧可靠，不易松弛。使用中不便随时调整预紧力	预紧力调整方便，使用中可随时调整。不能定量微调螺母，轴向尺寸长	结构最简单，尺寸最紧凑，避免了双螺母几何误差的影响，使用中不能随时调整	结构简单，尺寸紧凑，不需任何附加预紧机构。预紧力大时，装配困难，使用中不能随时调整
调整方法	当需重新调整预紧力时，脱开差齿圈，相对于螺母上的齿在圆周上错位，然后复位	改变垫片的厚度尺寸，可使双螺母重新获得所需预紧力	旋转预紧螺母使双螺母产生相对轴向位移，预紧后需锁紧螺母	拆下滚珠螺母，精确测量原装钢珠直径，然后根据预紧力需要，重新更换装入直径大若干微米的钢球	拆下滚珠螺母，精确测量原装钢珠直径，然后根据预紧力需要，重新更换装入直径大若干微米的钢球
适用场合	要求获得准确预紧力的精密定位系统	高刚度、重载荷的传动定位系统，目前用得较普遍	不要求得到准确的预紧力，但希望随时可调节预紧力大小的场合	中等载荷对预紧力要求不大，又不经常调节预紧力的场合	
备注				新型产品结构	双圆弧齿形钢球四点接触，摩擦力矩较大

图 2-11c 所示为两端固定的增强形式，两端的止推轴承组合增加到三对，以便获得最大的轴向刚度。

两端固定形式的结构及装配工艺性都较复杂，对丝杠热变形较为敏感，对止推轴承施加适当的预紧力可抵消丝杠温升引起的变形。

近年来针对滚珠丝杠副工作条件研制出一种滚珠丝杠专用轴承，如图 2-12 所示。这种

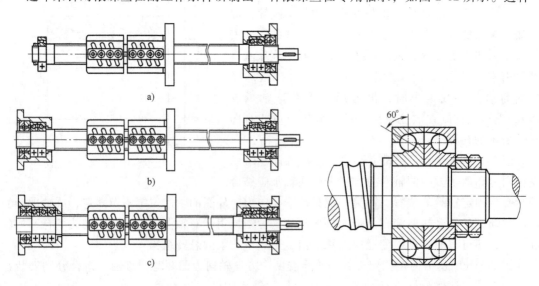

图 2-11 滚珠丝杠副在数控机床上的安装支承方式

a）一端固定形式 b）两端固定形式 c）两端固定增强形式

图 2-12 滚珠丝杠专用轴承

轴承能够承受很大的轴向力，与一般接触角为 15°~40° 的角接触球轴承相比，滚珠丝杠专用轴承的接触角增大到 60°，并增加了滚珠的数量，减小了滚珠的直径。这种新结构的轴承比一般轴承的轴向刚度提高两倍以上，产品成对出售，而且在出厂时已经选配好内外环的厚度，装配调试时只要用螺母和端盖将内环和外环压紧，就能调整好预紧力，使用非常方便。

6. 滚珠丝杠副的标识符号、结构类型和标准公差等级

滚珠丝杠副的标识符号是根据 GB/T 17587.1—2017《滚珠丝杠副 第 1 部分：术语和符号》的规定，采用汉字、汉语拼音字母、数字及英文字母按给定顺序排列的，用以表示滚珠丝杠副的规格、类型、标准公差等级和螺纹旋向等特征。其具体内容如下：

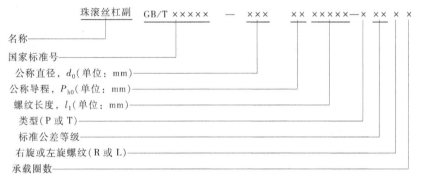

其中公称直径是指滚珠球心包络的圆柱直径。滚珠丝杠副的公称直径在标准中规定为：6mm、8mm、10mm、12mm、16mm、20mm、25mm、32mm、40mm、50mm、63mm、80mm、100mm、125mm、160mm、200mm。

滚珠丝杠副的公称导程在标准中规定为：1mm、2mm、2.5mm、3mm、4mm、5mm、6mm、8mm、10mm、12mm、16mm、20mm、25mm、32mm、40mm。

滚珠丝杠副的公称直径与公称导程有一定的优先组合。

滚珠丝杠副的结构类型分为 P 型和 T 型，其中 P 型为定位滚珠丝杠副，即用于精确定位且能够根据旋转角度和导程间接测量轴向行程的滚珠丝杠副。T 型为传动滚珠丝杠副，即用于传递动力的滚珠丝杠副。

滚珠丝杠副的标准公差等级（即精度等级）为 1、2、3、4、5、7 和 10 级，其中 1 级精度最高，依次递减。不同精度等级滚珠丝杠副的适用范围不同。

例如标识：滚珠丝杠副 GB/T 17587.2—1998—32×10×500-P5

表示 GB/T 17587.2—1998 规定的滚珠丝杠副，公称直径 32mm，公称导程 10mm，螺纹长度 500mm，5 级精度，右旋。

二、机床导轨副

机床导轨副简称为导轨，用以保证机床运动部件在外力（运动部件和工件质量引起的重力、切削力和驱动力等）的作用下能准确地沿设定的方向运动。

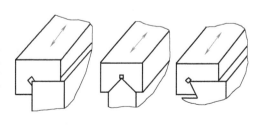

图 2-13 导轨的导向原理

导轨的导向原理如图 2-13 所示，其中运动的部件称为动导轨，固定的部件称为支承导轨

或静导轨，起到支承作用；导轨副的截面几何形状限制动导轨的运动自由度，起到导向作用。为防止运动部件绕运动方向转动，通常需要两个一组平行布局的导轨。为了防止移动件越程，通常动导轨短于支承导轨。

（一）导轨的基本要求

1. 导向精度

导轨的导向精度是指导轨运动轨迹的直线度，以及导轨同其他运动件之间相对位置精度。影响导向精度的主要因素有：导轨的几何精度、导轨的接触精度、导轨的结构形式、导轨和基础件的结构刚度和热变形以及导轨的装配质量等。

2. 刚度

导轨的刚度是机床工作质量的重要指标，它表示导轨在承受动静载荷下抵抗变形的能力，如果导轨刚度不足，则直接影响部件之间的相对位置精度和导向精度，从而影响机床加工工件的精度。导轨刚度不足还将使导轨面上的压力分布不均，加快导轨的磨损，因此导轨必须具有足够的刚度。

3. 耐磨性

导轨的不均匀磨损会降低导轨的导向精度，从而影响机床的加工精度。导轨的磨损和导轨的材料和热处理、导轨面的摩擦性质、导轨受力情况以及两导轨相对运动精度等有关。

4. 低速平稳性

当运动导轨做低速运动或微量移动时，易产生间歇性的变速移动，这种现象称为导轨的"爬行"。机床导轨的爬行现象将影响工件的表面粗糙度和加工精度，特别是对高精度机床来说必须引起足够的重视。因此应保证导轨运动平稳，不产生爬行现象。

5. 结构工艺性

在可能的情况下，设计时应尽量使导轨结构简单，便于制造、调整和维护。对于整体式导轨而言应尽量减少刮研量；对于装配式导轨，应做到更换容易，力求工艺性及经济性好。

（二）导轨的分类

按导轨副之间的摩擦性质不同，导轨可分为滑动式导轨、滚动式导轨和液体摩擦式导轨。

1. 滑动式导轨

滑动式导轨采用固体之间摩擦滑动方式，具有面接触承压能力强、刚度好和结构工艺性好等优点。表 2-3 所列为各种滑动式导轨的截面形状。其中三角形导轨有两个不垂直的导向

表 2-3 各种滑动式导轨的截面形状

	对称三角形	不对称三角形	矩形	燕尾形	圆形
凸形					
凹形					

面，同时能控制垂直方向和水平方向的导向精度，在载荷的作用下能自行消除间隙进行误差补偿，导向精度较其他几种截面形状的导轨高。根据机床的具体工作要求可对表2-3中所列的各种导轨截面进行组合。

图2-14所示为矩形和一山一矩形两种导轨组合。前者形状简单、工艺性好，但导向精度需要通过镶条调整；后者通过山形导轨面定位，水平面内导向精度无需调整，承载能力较强，但工艺性不如前者。

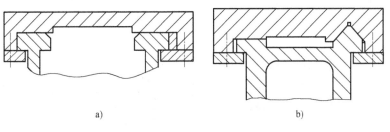

a)   b)

图2-14 两种不同的导轨截面组合

a）矩形 b）一山一矩形

滑动式导轨最大的缺点是摩擦因数较大，在有润滑条件下静摩擦因数与动摩擦因数分别为0.15~0.18和0.1左右，运动部件所需驱动力大，导轨磨损较快，由于动、静摩擦因数差异较大，在低速且润滑不良时易产生爬行现象。

数控机床使用的滑动导轨常采用贴塑导轨，如图2-15所示。贴塑导轨是在滑动导轨面上贴一层以聚四氟乙烯（简称4F）为基本材料、添加合金粉和氧化物的高分子复合材料（导轨软带），使其形成塑料-铸铁（或淬硬钢）的滑动摩擦。贴塑导轨具有以下优点：

（1）减摩性和耐蚀性较强 在承载1360kg情况下，摩擦因数可降到0.01。

（2）抗爬行性好 由于具有很好的自润滑特性，因此有效改善了导轨副的接触条件，减小了静摩擦力和动摩擦力的差值，从而避免了因爬行造成的对加工质量方面的影响。

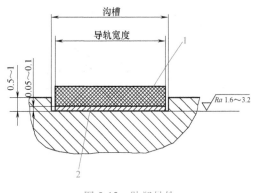

图2-15 贴塑导轨

1—导轨软带 2—胶粘剂

（3）具有异物可嵌入性 这种材料能把铁屑、砂砾等小颗粒异物埋嵌入塑料内部，避免了自身的磨损，且可以防止拉毛和研伤固定导轨的金属表面，起到保护导轨的作用。

（4）提高了机床的易修性 当导轨软带磨损后，可以对它进行更换，重新刮研后可保持导轨的原有导向精度，便于维修和保养。

（5）能很好地承受冲击及振动载荷 工程塑料具有良好的减振和降噪作用，并具有较高的抗压强度。

贴塑导轨的粘贴工艺过程简述如下：

1）先将导轨加工至表面粗糙度值为$Ra1.6~3.2\mu m$，并在表面加工出0.5~1mm深的凹槽。

2）用汽油、金属清洁剂或丙酮清洗粘贴面和已经切割成形的导轨软带，再用胶粘剂粘贴。

3）固化 1~2h 后与固定导轨（或专用夹具）合并，施加一定的压力，在室温下固化 24h。

4）取下动导轨，清除余胶，开油槽，再进行精加工，刮研。

图 2-16 所示为某数控铣床进给导轨应用贴塑导轨的结构示意图。

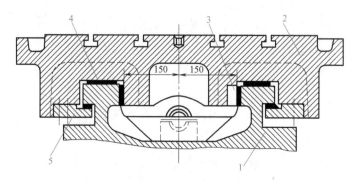

图 2-16　某数控铣床进给导轨应用贴塑导轨的结构示意图

1—固定导轨　2—活动导轨　3—镶条　4—贴塑导轨软带　5—下压板

2. 滚动式导轨

滚动式导轨简称滚动导轨。滚动导轨在做相对运动的导轨工作面之间装有滚动件，使两导轨面之间形成滚动摩擦。摩擦因数很小（0.0025~0.005），动、静摩擦因数相差也很小，所以滚动导轨的运动灵敏度和导向精度很高，所需功率小，无爬行。

常用滚动导轨主要有滚珠直线导轨、滚柱直线导轨、滚动式导轨块和圆形滚动式导轨等。

（1）滚珠直线导轨　滚珠直线导轨副（又称线性导轨或线轨）如图 2-17 所示，由导轨体、滑块、滚珠、端盖、润滑油嘴等组成。导轨固定在不运动的部件上，如床鞍；滑块固定在运动的部件上，如工作台。

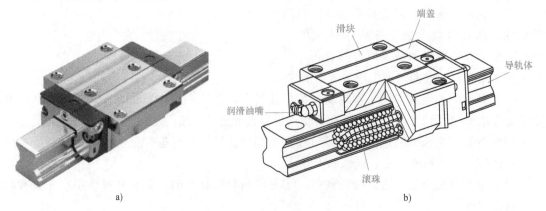

图 2-17　滚珠直线导轨副

a）外形　b）组成与内部构造

当滑块沿导轨体移动时，滚珠在导轨体和滑块之间的圆弧直槽内滚动，并通过端盖内的滚道，从工作负荷区到非工作负荷区（即返回通道），然后进入工作负荷区，如此不断循环，从而实现将运动导轨的移动转变为滚珠做循环滚动。

目前在国内外的中小型数控机床上广泛采用滚珠直线导轨副。

滚珠直线导轨副分 4 个精度等级，即 2、3、4、5 级，其中 2 级精度最高，依次递减。由于滚珠直线导轨副具有"误差均化效应"，在同一平面内使用两条或两条以上时，可以选用精度等级较低的导轨而达到较高的导轨运动精度，一般可以提高 20%～50%。

各类机床和机械推荐的精度等级见表 2-4。

表 2-4　各类机床和机械推荐的精度等级

精度等级	数控机床							普通机床	通用机械
	车床	铣床、加工中心	坐标镗床、坐标磨床	磨床	电加工机床	精密冲剪机	绘图机		
2	√	√	√	√					
3	√	√	√	√			√	√	
4	√	√			√	√	√	√	√
5					√	√			√

为了保证两条（或多条）导轨平行，通常把一条导轨作为基准导轨，安装在床身的基准面上，底面和侧面都有定位面；另一条导轨为非基准导轨，床身上设有侧向定位面，固定时以基准导轨为定位面固定。这种安装形式称为单导轨定位，如图 2-18 所示。单导轨定位易于安装，容易保证平行，对床身没有侧向定位面平行的要求。

当振动和冲击较大、精度要求较高时，两条导轨的侧面都要定位，称为双导轨定位，如图 2-19 所示。双导轨定位要求定位面平行度高。当用调整垫调整时，导轨安装面的加工精度要求较高，调整难度大。

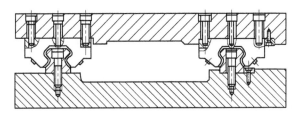

图 2-18　单导轨定位的安装形式

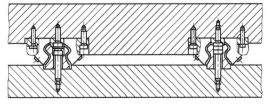

图 2-19　双导轨定位的安装形式

以南京工艺装备制造有限公司生产的滚珠直线导轨为例，标记如下：

　　　　GGB　25　A　A　L　T　2　P1　2×3600-4

标记的意义见表 2-5。

表 2-5　滚珠直线导轨标记的意义

标记代号	意　义
GGB	四方向等载荷型滚珠直线导轨
25	导轨公称尺寸（分为 16、20、25、30、35、45、55、65、85 共 9 种）
A	滑块宽度形式代号（A 为宽形，B 为窄形）

（续）

标记代号	意　义
A	滑块上连接孔形式（A 为螺孔，B 为通孔）
L	滑块长度形式代号（标准形式滑块不标，L 为加长型）
T	有特殊要求的滑块类型代号（标准系列滑块不标）
2	每根导轨上使用的滑块数
P1	预加载荷类型代号，分 P0、P1、P2、P3
2×3600	同一平面内使用的导轨数×导轨长度（mm）
4	精度等级，分 2、3、4、5 级

（2）滚柱直线导轨　滚柱直线导轨的滚动体为圆柱体，与动、静导轨之间为线接触，承载力可达滚珠直线导轨的 20~30 倍，滚柱直线导轨的刚度、减振性均优于滚珠导轨，其缺点为滚柱体对导轨平面度误差较敏感、易产生侧向偏移和侧向滑动，使导轨磨损加剧和精度降低。滚柱直线导轨应用于运动速度较低、载荷较大的场合。

图 2-20 所示为循环式滚柱导轨外形，除了滚动体为滚柱以外，与循环式滚珠导轨的结构基本相同。图 2-21 所示为平面式滚柱导轨应用结构简图，导轨面与工作台为一体，工作时滚柱在固定的保持架内只做自转，不进行移动，因为滚动体没有循环，所以需要在静导轨长度上铺满滚柱才能使用。

图 2-22 所示为交叉式滚柱导轨，图 2-23 所示为交叉式滚柱导轨的安装结构简图，交叉式滚柱导轨由两根具有 V 形滚道的导轨、滚子保持架和圆柱滚子等组成，相互交叉排列的圆柱滚子在经过精密磨削的 V 形滚道面上往复运动，这种导轨可承受各个方向的载荷，实现高精度、平稳的直线运动。交叉式滚柱导轨的特点是：滚动摩擦力小，稳定性能好；接触面积大，弹性变形小；有效运动体多，易实现高刚性、高负荷运动；结构设计灵活，安装使用方便，寿命长；机械能耗小和精度高，承载能力大。

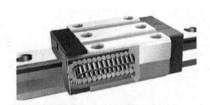

图 2-20　循环式滚柱导轨

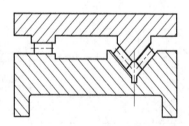

图 2-21　平面式滚柱导轨应用结构简图

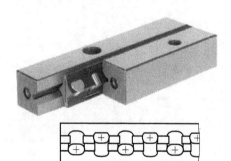

图 2-22　交叉式滚柱导轨

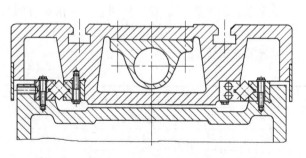

图 2-23　交叉式滚柱导轨的安装结构简图

（3）滚动式导轨块　当行程较长且机床移动部件质量较大时，为了节省导轨的贵重材料，并增加单位支承力，常采用多个滚动式导轨块代替直线滚动式导轨副。滚动式导轨块如图 2-24 所示，使用时将滚动式导轨块用螺钉固定在机床的运动部件上，当运动部件移动时，滚柱在支承部件的导轨面与本体之间滚动，同时又绕本体循环滚动。与滚动式导轨块相配的导轨体多采用装配式淬硬钢导轨。

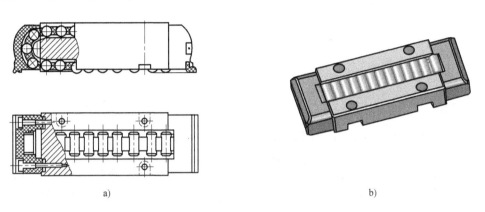

图 2-24　滚动式导轨块
a）构造　b）外形

（4）圆形滚动式导轨　圆形滚动式导轨（又称为直线轴承）的导轨本体横截面为圆形，在相对运动的圆柱面之间加入滚动体及循环装置，其构造如图 2-25 所示。导轨本体为高合金材料淬硬后精密磨削的圆柱形，导向精度和结构工艺性较好，加工、检测、装配和调整较方便，故制造成本较低。但由于承载能力不如矩形截面的导轨，磨损后间隙调整也不便，所以在轻载荷精密小型机床上应用居多。

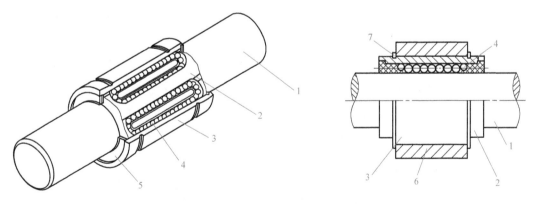

图 2-25　圆形滚动式导轨构造
1—导向轴　2—滚珠保持架　3—壳体　4—滚珠　5—密封圈　6—壳体座　7—轴用挡圈

按导轨外壳形状和导轨本体与机架连接方法不同，圆形滚动式导轨可分为开式和闭式两种，如图 2-26 所示。开式圆形滚动式导轨的外壳所开设的缺口能通过导轨本体与机架的连接部分，但运动件只能做直线移动；而闭式圆形滚动式导轨在做直线移动的同时，还可做周向调整式转动。

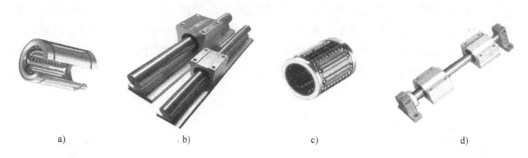

图 2-26　开式与闭式圆形滚动式导轨

a）开式外壳　b）开式导轨副　c）闭式外壳　d）闭式导轨副

3. 静压导轨

静压导轨是在两个相对运动的导轨面间通以压力油，将运动件浮起，使导轨面间处于纯液体摩擦状态的一种导轨类型。由于承载类型的要求不同，静压导轨分为开式和闭式两种。

开式静压导轨的工作原理如图 2-27 所示。液压泵 1 起动后，油液经过滤器 3 吸入，用溢流阀 2 调节供油压力 p_1，再经节流阀 4 降压至 p_0（油腔压力）进入导轨的油腔，并通过导轨间隙向外流出，回到油箱。油腔压力形成浮力将运动部件 5 浮起，形成一定的导轨间隙 h_0。当载荷增大时，运动部件下沉，导轨间隙减小，液阻增加，流量减小，从而使油液经过节流阀时的压力损失减小，油腔压力 p_1 增大，直至与载荷 W 平衡。

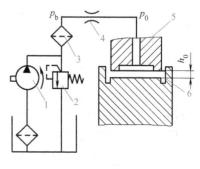

图 2-27　开式静压导轨的工作原理

1—液压泵　2—溢流阀　3—过滤器
4—节流阀　5—运动部件　6—固定导轨

闭式静压导轨只能承受垂直方向的负载，承受颠覆力矩的能力差。而闭式静压导轨还能承受较大的颠覆力矩，导轨刚度也较高，其工作原理如图 2-28 所示。当运动部件受到颠覆力矩 M 作用后，对角的油腔间隙增大，另一对角的油腔间隙减小。由

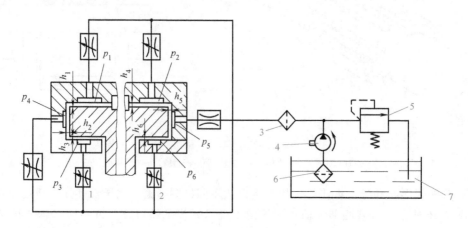

图 2-28　闭式静压导轨的工作原理

1、2—节流阀　3、6—过滤器　4—液压泵　5—溢流阀　7—油液

于各相应节流阀的作用，间隙最大的油腔压力减小，间隙减小的油腔压力增大，从而产生一个与颠覆力矩相反的力矩，使运动部件保持平衡。在承受载荷 W 时，上方的油腔间隙减小，压力增大；下方的油腔间隙增大，压力减小，从而产生一个向上的力，以平衡载荷 W。图 2-29 所示为小型静压导轨液压装置的外形。

图 2-29 小型静压导轨液压装置的外形

由于导轨面之间处于纯液体摩擦状态，故导轨不会磨损，导向精度保持性好，使用寿命长，而且导轨摩擦因数极小（约为 0.0005），功率消耗少。压力油膜厚度几乎不受导轨移动速度影响，油膜承载能力大，刚度高，吸振性好，导轨运行平稳，既无爬行，也不会产生振动。但静压导轨结构复杂，并需要具有良好过滤效果的液压装置，制造成本较高。静压导轨适用于重载荷作用下的重型机床导轨。

三、滚珠花键副

花键副是既可做轴向导向移动又可做同步转动传递转矩的重要连接方式，在普通机床上，花键副广泛应用于滑移齿轮变速机构。借鉴滚珠丝杠和滚动式导轨的工作原理，人们设计出滚珠花键，以减小花键副移动摩擦力。

滚珠花键传动装置由外花键、内花键、保持架及滚珠等组成，如图 2-30 所示。在外花键 8 的外圆上，配置有等分的三条凸缘。凸缘的两侧就是外花键的滚道。同样内花键 4 上也有相对应的六条滚道。滚珠位于外花键和内花键的滚道之间。滚动花键传动装置内有六列负荷滚珠，每三列传递一个方向的力矩。当外花键 8 与内花键 4 做相对转动或相对直线运动时，滚珠就在滚道和保持架 1 内的通道中循环运动。因此内花键与外花键之间既可灵敏、轻便地做相对直线运动，也可以做同步回转运动。所以滚珠花键副既是一种传动装置，又是一种新颖的直线运动导向装置。

内花键开有键槽 3 用以安装传动件。保持架使滚珠互不摩擦，且拆卸时不会脱落。用橡胶密封圈密封，以提高使用寿命。润滑油通过油孔润滑摩擦表面减少摩擦。

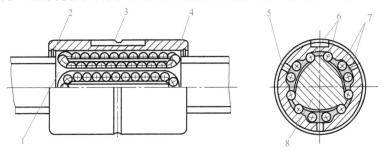

图 2-30 滚珠花键传动装置

1—保持架 2—橡胶密封圈 3—键槽 4—内花键 5—油孔
6—负荷滚珠 7—空载滚珠 8—外花键

四、同步带传动装置

（一）同步带传动的特点

同步带传动是一种新型的带传动，如图 2-31 所示。它是利用同步带的齿形与带轮的轮齿依次相啮合传递运动或动力，克服了齿轮传动噪声大和 V 带传动有弹性滑动的缺点，在数控机床、办公自动化设备等机电一体化产品上得到了广泛应用。同步带传动具有如下特点：

1) 传动过程中无相对滑动，因而可以保持恒定的传动比，传动精度较 V 带高。

2) 工作平稳，结构紧凑，无噪声，有良好的减振性，不需要润滑。

3) 不需要张紧，作用在轴和轴承上的径向载荷较小，传动效率较高，高于 V 带传动约 10%。

4) 制造工艺较复杂，传递功率较小，寿命较低。

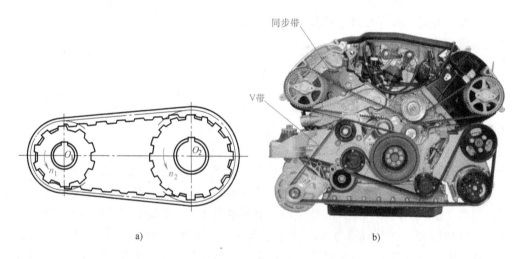

图 2-31 同步带传动

a) 传动示意图 b) 应用示例

（二）同步带的结构

根据齿形的不同，同步带可分为梯形齿同步带和圆弧齿同步带两类。图 2-32a、b 所示分别是这两类同步带的纵向截面；同步带主要由强力层、带齿和带背组成，此外在齿面上覆盖了一层尼龙帆布，用以减小传动齿与带轮的啮合摩擦。

同步带的带背和带齿一般采用相同材料制成，常用材料是聚氨酯橡胶和氯丁橡胶。强力层的常用材料有钢丝、玻璃纤维和芳纶。

梯形齿同步带在传递功率时，由于应力集中在齿根部位，功率传递能力下降。同时由于梯形齿同步带与带轮是圆弧形接触，当小带轮直径较小时，将使梯形齿同步带的齿形变形，影响与带轮齿的啮合，不仅受力情况不好，而且在速度很高时会产生较大的噪声和振动，不利于较高速度传动。因此梯形齿同步带在数控机床主传动中很少使用，一般仅在转速不高或小功率传动的动力传动中使用。

圆弧齿同步带克服了梯形齿同步带的缺点，均化了应力，改善了啮合。因此在数控机床中若采用同步带传动，圆弧齿是优选齿形。

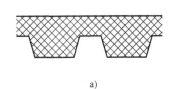

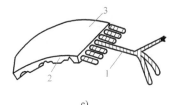

a)　　　　　　　　　　b)　　　　　　　　　　c)

图 2-32　同步带纵向截面与结构

a）梯形齿　b）圆弧齿　c）齿形带的结构

1—强力层　2—带齿　3—带背

（三）同步带的主要参数与规格

同步带的主要传动参数如图 2-33 所示。

1. 节距 P_b

节距 P_b 是指相邻两齿在节线上的距离。由于强力层在工作时长度不变，所以强力层的中心线被规定为齿形线的节线（中性层），并以节线的周长 L_p 作为同步带的公称长度。

2. 模数 m

同步带的基本特征尺寸是模数，它是节距 P_b 与 π 之比，即 $m = P_b/\pi$，是同步带尺寸计算的一个主要依据，一般取值范围为 $1 \sim 10\text{mm}$。模数 m 表征该同步带的强度。

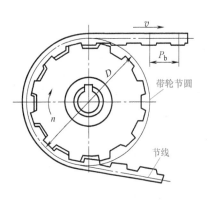

图 2-33　同步带的主要传动参数

3. 节圆直径 D

由模数 m 的定义和同步带轮的齿数 z，可以得出节圆直径 D 的计算公式：

$$D = mz$$

4. 同步带的其他参数和尺寸

除了模数外，同步带设计计算需要的其他参数还有齿数、宽度等。同步带轮的图样标注方法为：模数×宽度×齿数，即 mbz。

5. 应用同步带的注意事项

1）为了减小带轮的转动惯量，带轮常用密度小的材料制成（如铝合金或工程塑料）。带轮所允许的最小直径，根据有效齿数及平面包角，由同步带制造厂确定。

2）在驱动轴上的带轮应直接安装在电动机上，尽量避免在驱动轴上采用离合器，以免引起附加转动惯量过大。

3）对于较长的自由同步带（一般是长度大于宽度的 9 倍），常使用张紧轮衰减同步带的振动。张紧轮可安装在同步带内部或外部，这种方式使同步带的包角增大，有利于传动。为了减小运动噪声，应使用背面抛光的同步带。

GB/T 11616—2013《同步带传动 节距型号 MXL、XXL、XL、L、H、XH 和 XXH 同步带尺寸》对同步带型号、尺寸等做了规定。同步带有单面齿（仅一面有齿）和双面齿（两面都有齿）两种形式。双面齿又按齿排列的不同分为 DⅠ型（对称齿形）和 DⅡ型（交错齿形），两种形式的同步带均按节距不同分为七种规格，节距见表 2-6，节线长见表 2-7，宽度见表 2-8。

表 2-6 同步带的型号与节距 （单位：mm）

型号	MXL	XXL	XL	L	H	XH	XXH
节距 t/mm	2.032	3.175	5.080	9.525	12.700	22.225	31.75

表 2-7 XL、L、H、XH、XXH 型同步带节线长 （单位：mm）

长度代号	230	240	250	255	260	270	285	300	322	330	345
节线长	584.2	609.6	635	647.7	660.4	685.8	723.9	762	819.15	838.2	876.3
长度代号	360	367	390	420	450	480	507	510	540	560	570
节线长	914.4	933.45	990.6	1066.8	1143	1219.2	1289.0	1295.4	1371.6	1422.4	1447.8
长度代号	600	630	660	700	750	770	800	840	850	900	980
节线长	1524	1600.2	1676.4	1778	1905	1955.8	2032	2133.6	2159	2286	2489.2

表 2-8 MXL、XL、L、H、XH、XXH 型同步带宽度 （单位：mm）

代号	025	031	037	050	075	100	150	200	300	400	500
标准宽度	6.4	7.9	9.5	12.7	19.1	25.4	38.1	50.8	76.2	101.6	127

（四）同步带的标记

同步带标记包括长度代号、型号和宽度代号。双面齿同步带还在标记中表示形式代号。例如：

1. 单面齿同步带标记

例如：420L050

其中，420：长度代号（节线长 1066.8mm）；L：型号（节距为 9.525mm）；050：宽度代号（带宽 12.7mm）。

2. 双面齿同步带标记

例如：800D I H300

其中，800：长度代号（节线长 2032mm）；D I：双面对称齿；H：型号（节距为 12.7mm）；300：宽度代号（带宽 76.2mm）。

（五）同步带轮

1. 同步带轮的结构与材料

同步带轮如图 2-34 所示，为防止带脱落，一般在小带轮两侧装有挡圈 2。带轮材料一般采用铸铁或钢，高速、小功率时可采用塑料或轻合金。

2. 同步带轮的参数及尺寸规格

（1）齿形 与梯形齿同步带相匹配的带轮，其齿形有直线和渐开线两种。直线齿形在啮合过程中，与带齿工作侧面有较大的接触面积，齿侧载荷分布较均匀，从而提高了带的承载能力和使用寿命。渐开线齿形的齿槽形状随带轮齿数而变化，齿数多时齿廓近似于直线。

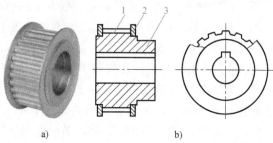

图 2-34 同步带轮

a）外形 b）结构

1—齿圈 2—挡圈 3—轮毂

这种齿形的优点是有利于带齿的啮入，缺点是压力角变化较大，在齿数少时易影响带齿的正常啮合。

与圆弧齿同步带相匹配的同步带轮齿廓也为圆弧齿廓。

（2）齿数 z　在传动比一定的情况下，带轮齿数越少，传动结构越紧凑，但齿数过少，使工作时同时啮合的齿数减少，易造成带齿承载过大而被剪断。此外还会因带轮直径减小，使与之啮合的带产生弯曲疲劳破坏。

3. 同步带轮的标记

GB/T 11361—2008《同步带传动 梯形齿带轮》与 GB/T 11616—2013《同步带传动　节距型号 MXL、XXL、XL、L、H、XH 和 XXH 同步带尺寸》相配套，对带轮的尺寸及规格等做了规定。与同步带一样，同步带轮也有 MXL、XXL、XL、L、H、XH、XXH 七种。

同步带轮的标记由带轮齿数、带的型号和轮宽代号组成，如 30L075。

其中，30：带轮齿数；L：带的型号（节距为 9.525mm）；075：轮宽代号（19.1mm）。

4. 同步带轮的制造

和别的机械组件不同的是，同步带轮为标准参数的非标准件，不能直接采购到符合要求的成品。一般可设定基本参数后由同步带轮专业制造企业定制。

第二节　常用轴系组件

一、机床常用滚动轴承

数控机床主轴在传递切削转矩、承受切削抗力的同时仍需较高的旋转精度，为了满足主轴使用要求，通常数控机床（如车床、铣床、加工中心、磨床）的主轴部件均需安装滚动轴承，重型数控机床则采用液体静压轴承；高精度数控机床（如坐标磨床）也有采用气体静压轴承；超高转速（20000~100000r/min）的主轴可采用磁力轴承或陶瓷滚珠轴承。

认识和分析数控机床常用滚动轴承及配置是分析数控机床性能、了解数控机床机械构造的重要内容之一。

（一）典型滚动轴承

数控机床除了深沟球轴承、单列角接触球轴承和单列圆锥滚子轴承以外，更多地使用以下几种典型滚动轴承。

1. 双列圆柱滚子轴承

双列圆柱滚子轴承结构如图 2-35 所示，此类轴承以圆柱状滚动体线接触承载方式，获得较强的承受径向载荷能力，其结构特点使得轴承内外圈能做轴向自由位移，安装在主轴的前端部位能承受车铣类主切削力，适合重载、中低速工作条件，但此类轴承不适合在高转速下运行。

2. 双列角接触球轴承

双列角接触球轴承结构如图 2-36 所示，此类轴承由于其较大的接触角（滚道的主接触点连线与轴线垂线的夹角）和球滚动体的结构特点，能在高速条件下同时承受径向力与正反方向的轴向力形成的综合载荷，适合中型中高速数控机床主轴的前端部位布局，不适合在低速重载荷条件下运行。

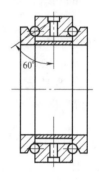

图 2-35　双列圆柱滚子轴承结构　　　　　　图 2-36　双列角接触球轴承结构

3. 双列圆锥滚子轴承

双列圆锥滚子轴承结构如图 2-37 所示，此类轴承除了具有单列圆锥滚子轴承的特点以外，由于其整体化双列结构，能在中低速条件下承受径向与正反方向轴向同时作用的综合载荷，适合安装在中型或重型数控机床的中低速主轴上，不适合在高速下长时间运行。

4. 双列球面滚子轴承

双列球面滚子轴承结构如图 2-38 所示，此类轴承除了具有双列圆锥滚子轴承的特点以外，由于其外圈滚道的球面结构特点，内外圈能做小角度的相对摆动，以抵消主轴前后轴颈的轴线或轴承安装孔轴线的同轴度误差，所以此类轴承也称为"自动调心轴承"。双列球面滚子轴承适用于主轴跨距较大的大型机床。

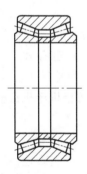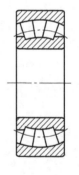

图 2-37　双列圆锥滚子轴承结构　　　　　　图 2-38　双列球面滚子轴承结构

值得指出的是，双列滚动轴承中的每列滚动体的数量差通常为 1，这是为了使轴承两边的固有频率不一致，避免在高速转动时引起振动甚至共振。

5. 推力滚动轴承

推力滚动轴承是以承载轴向力为主的轴承，除了普通的单列推力球轴承以外，数控机床上应用的主要有以下几种：

（1）推力滚针轴承　推力滚针轴承如图 2-39a 所示，用滚针作为轴承的滚动体，具有体积紧凑、承载轴向载荷能力强的特点，主要用于低速、轴向力大的场合，如刀架回转轴上。

（2）推力球面滚子轴承　推力球面滚子轴承如图 2-39b 所示，该轴承综合了球体和滚子作为滚动体各自的特点，故具有承载轴向力能力强的特点，适用于中速场合。由于滚道表面

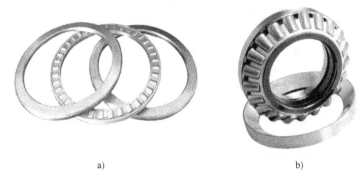

图 2-39　推力滚动轴承

a）推力滚针轴承　b）推力球面滚子轴承

为球面，故又具有双列球面滚子轴承的自动调心功能。

（二）数控机床主轴常用滚动轴承配置

前述常用轴系组件中介绍了数控机床常用的单个滚动轴承的特点，根据机床主轴部件的工作条件、刚度、温升和结构的复杂程度，进行轴承的不同形式的配置，可以发挥轴承组合配置后的综合性能，提高主传动系统的精度。数控机床主轴轴承的常见配置形式如图 2-40 所示，其中轴承只画出了上半部分示意图。

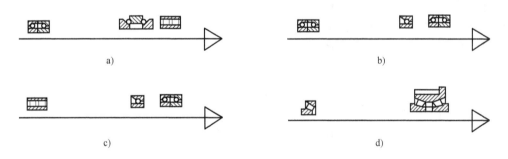

图 2-40　数控机床主轴轴承的常见配置形式

图 2-40a 所示的配置形式为：前支承采用双列短圆柱滚子轴承和 60°双列角接触球轴承组合，承受径向重载荷和轴向载荷，后支承采用成对角接触球轴承，这种配置可提高主轴的综合刚度，满足强力切削的要求，应用于各类数控机床主轴。

图 2-40b 所示的配置形式为：前后支承均采用成对角接触球轴承，以承受径向载荷和轴向载荷，这种配置适用于高速、轻载和精密的数控机床主轴。

图 2-40c 所示的配置形式为：前轴承采用一对角接触球轴承，由 2~3 个轴承组成一套，承受径向载荷和轴向载荷，后支承采用双列短圆柱滚子轴承，这种配置适用于高速、较重载荷的主轴部件。

图 2-40d 所示的配置形式为：前支承采用双列圆锥滚子轴承，承受径向载荷和轴向载荷，后支承采用单列圆锥滚子轴承，这种配置结构较简单，可承受重载荷和较强的冲击载荷，安装与调整性能好，但主轴转速和精度的提高受到限制，适用于中等精度、低速与重载荷的数控机床主轴。

（三）滚动轴承的装配工艺

机床上使用的滚动轴承，其内圈与轴一般为小过盈配合，以保证内圈与轴之间传递转矩时不发生相对滑动；外圈与轴承安装孔一般为小间隙配合。滚动轴承是标准化的精密机械组件，其装配工艺必须规范合理才能保证滚动轴承的精度和性能。

1. 滚动轴承的安装

滚动轴承与轴的装配应该按过盈配合装配工艺进行，一般有压入法、温差法和扩张法等，尽量避免锤击，禁止对轴承直接锤击。

滚动轴承装配前需核对轴承的型号和安装正反面，并进行清洗，测量配合尺寸。

（1）压入法　选择大小和形状合适的套筒（图2-41a），要求套筒端面仅与轴承内圈接触，轴的下方有稳固的支承，尽可能用压力机（手动或机动）从正上方施加压力（图2-41b），将内圈压到轴颈上。如在压入过程中发现压力异常变大，可沿圆周转动安装轴180°或90°后继续施压，以减小压力机的对准误差。

压入法的不足之处主要是装配表面微观峰谷受挤压后会对配合性质有一定影响，由于轴颈表面的硬度远低于轴承内圈表面的硬度，多次用压入法装拆后（如更换轴承），配合的过盈量将减小。

（2）温差法　温差法是加热扩大轴承内孔或冷却缩小轴颈，根据金属热胀冷缩原理将过盈配合转变为间隙配合，待温差消失后完成装配的一种装配工艺。

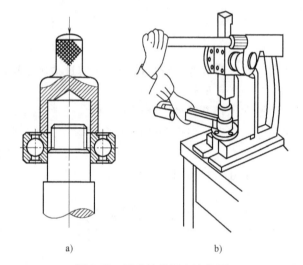

a)　　　　　　b)

图 2-41　滚动轴承压入法装配

1）热套法。采用轴承加热器（图 2-42a）将滚动轴承加热，加热的工作原理（图2-42b）如下：将串有轴承的矩形检验棒安装在支座上，接通电流后加热器主机内主线圈通过的交流电在闭合导磁回路中产生交变磁场，当磁力线通过轴承内孔时，在轴承体内产生感应电流形成涡流，使轴承表面发热膨胀。将轴承套入轴颈冷却至常温后即可达到过盈配合的装配要求。感应电流在 50～60Hz 的频率下产生的磁场无磁辐射，对人体无害。

滚动轴承的加热温度与轴承尺寸有关，通常在 100～110℃，可以

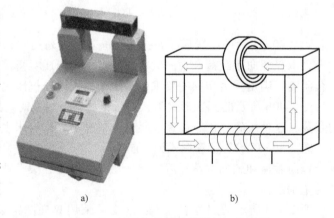

a)　　　　　　　b)

图 2-42　轴承加热器的外形与工作原理

通过测温器具进行控制，过高的加热温度会引起轴承金相组织改变。

2）冷缩法。冷缩法是将轴浸入超低温（约-200℃）的液氮中缩小轴颈尺寸后取出，装上轴承恢复到常温后装配即完成。

（3）扩张法　对于尺寸较大或配合面为圆锥面的轴承，可利用轴上的油孔在接合面注入压力油使轴承的内孔在压力油的作用下扩张，装配后拆去油路即可。

2. 滚动轴承装配正反向确定

部分滚动轴承中心截面两侧不对称，在装配前需要确认正反面，如装错将影响轴承的使用性能，如角接触滚动轴承、推力球轴承等。

（1）角接触滚动轴承的装配　角接触滚动轴承的正反面方向要严格按装配图中的轴承安装要求确认后装配，一般为成对使用，即按"面对面"或"背靠背"布置形式。也要注意带有单侧密封装置的轴承的正反面朝向。

（2）推力球轴承的装配　单列推力球轴承的外形与装配简图如图2-43所示。装配前要先测量并根据内孔大小辨别紧圈和松圈，装配时紧圈1、5应该安装在转动零件的端面上，松圈2和4应该安装在静止轮毂3的端面上。如果装反会引起转动的紧圈5或1和静止轮毂3之间发生滑动摩擦，影响轴承的使用性能。

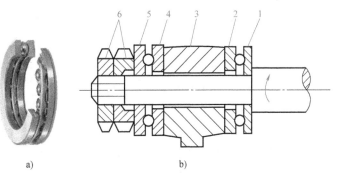

图2-43　单列推力球轴承的外形与装配简图
1、5—紧圈　2、4—松圈　3—静止轮毂　6—螺母

3. 滚动轴承的拆卸

当滚动轴承因失效或磨损需要更换时，就需要拆卸轴承。由于装配后的滚动轴承与配合件已经成为整体，所以不能采用温差法拆卸。一般采用轴承专用顶拔器（又称为"拉马"），如图2-44所示。

顶拔器的拉爪只能与轴承内圈（或通过其他零件）接触，不能通过拉轴承的外圈拆卸，否则将使轴承受损或解体导致拆卸失败。

滚动轴承的装配还需要进行轴承相关配套零件的装配，如轴承的密封件、润滑件、定位紧固与防松以及轴承间隙调整等，限于篇幅不做详述。

二、机床常用联轴器

图2-44　轴承专用顶拔器

联轴器是将两个同轴布置的轴端部连接在一起，能使两轴的转速和转矩同步的机械组件。联轴器的类型繁多，按作用方式可分为机械式、电磁式和液压式；而机械式联轴器应用最广泛，它利用机械构件间的机械作用力传递转矩。常用机械式联轴器的特性和名称见表2-9。

刚性联轴器将被连接的两轴直接用法兰螺栓紧固，两轴的同轴度误差将使两轴产生弹性变形引起干涉，影响被连接轴的位移（转角）精度，而变形产生的附加转矩也将额外消耗传递功率，引起传动装置发热。上述后果都将影响机床的加工精度，由于数控机床对传动精

表2-9　常用机械式联轴器的特性和名称

序号	特　性		名　称
1	刚性联轴器		套筒联轴器
2			凸缘联轴器
3			夹壳联轴器
4	挠性联轴器	无弹性元件联轴器	齿轮联轴器
5			滑块联轴器
6			万向联轴器
7			滚子链联轴器
8		有弹性元件联轴器	弹性套柱销联轴器
9			梅花形弹性联轴器
10			轮胎联轴器
11			膜片联轴器
12			波纹管联轴器

度的要求较高，所以通常不采用刚性联轴器。

以下介绍几种数控机床常用的联轴器。

1. 套筒联轴器

套筒联轴器如图 2-45 所示，由连接两轴端的套筒和连接件（键或销）组成，当轴端直径 $d \leqslant 80mm$ 时，套筒材料通常用中碳钢。

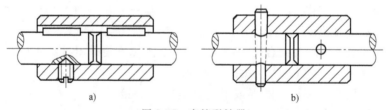

图 2-45　套筒联轴器

a）键连接　b）销连接

套筒联轴器各部分尺寸间的关系：套筒长 $L \approx 3d$，d 为轴径，套筒外径 $D \approx 1.5d$，销直径 $d_0 = (0.25 \sim 0.3)d$，销中心到套筒端部的距离 $e \approx 0.75d$，两个销在圆周面按 90° 交错，可以有一定的安装误差补偿作用。

套筒联轴器构造简单，径向尺寸小，但其装拆困难（需做轴向移动），且要求两轴严格对中，不允许有径向及角度偏差，而且作为连接件的键和销所能够传递转矩较小，因此使用上受到限制。例如：在数控车床刀架驱动电动机和蜗杆之间采用了套筒联轴器。

2. 锥环无键消隙联轴器

图 2-46 所示为锥环无键消隙联轴器，该联轴器是利用锥环之间的摩擦实现轴与轮毂之间的无间隙连接而传递转矩的。通过选择所用锥环的对数，可以传递不同大小的转矩，并可使动力传递没有反向间隙。

该联轴器的工作原理：当拧紧螺钉5时，法兰3对内外锥环2施加轴向力，由于锥环之间的楔紧作用，内外锥环分别均匀地产生径向弹性变形（内锥环的外径胀大，外锥环的内径收缩），消除轴 4 与套筒 1 之间的间隙，并产生接触正压力，通过摩擦力传递转矩，而且套筒 1 与轴 4 之间的周向位置可做小角度的任意调节。

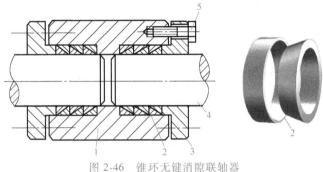

图 2-46　锥环无键消隙联轴器
1—套筒　2—内外锥环　3—法兰　4—轴　5—螺钉

这种联轴器定心性好，承载能力较强，传递功率大，转速高，使用寿命长，具有过载保护能力，能在受振动和冲击载荷等恶劣条件下连续工作，安装、使用和维护方便。

由于无键连接克服了键连接的连接圆和键侧产生的间隙引起的安装误差，所以锥环无键消隙联轴器除了用在数控机床上以外，还在传动件与轴的连接中广泛应用，如同步带轮与轴端的连接、换刀机械手的轴与机械臂的连接等。

3. 滑块联轴器

滑块联轴器是在连接两轴的连接头之间放入一个滑块，利用滑块在直槽中的少量相对滑移补偿两轴的同轴度误差。根据滑块的形状不同，滑块式联轴器可分为普通滑块式和十字滑块式，如图 2-47 所示。

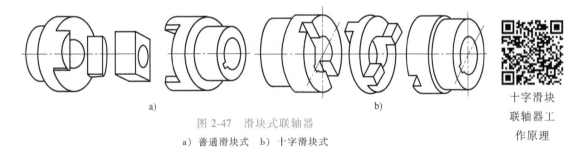

图 2-47　滑块式联轴器
a）普通滑块式　b）十字滑块式

十字滑块联轴器工作原理

因为滑块为刚性体，且有一定的转动惯量，所以滑块式联轴器适用于无冲击载荷的中低速工况。

4. 梅花联轴器

如图 2-48 所示，梅花联轴器是在连接两轴的半联轴器 1、3 之间装入梅花形弹性体 2，利用弹性体的位置自动调整和弹性变形，补偿两轴的同轴度误差。

梅花联轴器弹性体的形状特征和非金属材质特性使其具有吸振、误差补偿功能，但变形也会使其产生转角误差，故只适用于中小载荷、中高速、冲击载荷工况。

5. 膜片联轴器

当被连接的两轴之间传递的转矩较大时，可采用图 2-49 所示的膜片联轴器，其中间体由一组金属薄片（膜片组 5）叠成。该联轴器的工作原理是：两个半联轴器 3 分别装在被连接轴 1 和 8 上，当拧紧压紧圈 2 上的螺钉时，压紧圈 2 与半联轴器 3 相互靠紧，挤压锥形套 7，使外锥环内径缩小，内锥环外径胀大，从而使半联轴器、被连接轴与联轴器实现无键连接。同理也使右半部形成无键连接。两个半联轴器 3 通过膜片组 5（每片膜片厚 0.25mm，

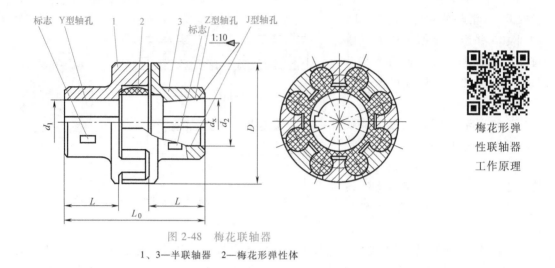

图 2-48　梅花联轴器

1、3—半联轴器　2—梅花形弹性体

一般 10~12 片为一组，材料为不锈钢薄片）和两组（每组 4 只）对角螺栓孔与螺栓 6 以及球面垫圈 4 相连（球面垫圈与两个半联轴器没有任何连接关系），这样通过膜片组对角连接而传递转矩。电动机轴与丝杠轴的位置偏差（同轴度误差）由膜片的弹性变形抵消。

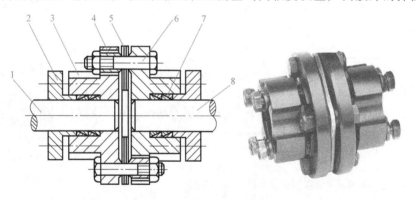

图 2-49　膜片弹性联轴器

1、8—被连接轴　2—压紧圈　3—半联轴器　4—球面垫圈

5—膜片组　6—螺栓　7—锥形套

膜片联轴器既保持了金属的刚度，又具有补偿误差的弹性变形功能，所以在数控机床进给装置中使用较广。

6. 波纹管联轴器

波纹管联轴器（图 2-50）用外形呈波纹状的薄壁管（波纹管）直接与两个半联轴器焊接或粘接来传递运动。这种联轴器的结构简单，外形尺寸小，加工安装方便，传动精度高，具有较高的扭转刚度和灵敏度，回转无间隙，能补偿径向、角向和轴向误差，主要用于要求结构紧凑、传动精度较高的小型数控机床等小功率精密机械和各类控制机构中。

波纹管联轴器可以利用波纹状薄壁管的变形补偿被连接轴的安装误差：当被连接两轴有偏角安装误差时，波形管做图 2-51a 所示的弯曲变形补偿；当被连接两轴有偏移安装误差时，波形管做图 2-51b 所示的 S 状变形补偿。

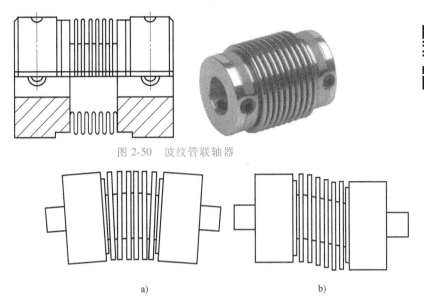

图 2-50　波纹管联轴器

波纹管式联轴器工作原理

a)　　b)

图 2-51　波纹管联轴器的误差补偿

与波纹管联轴器误差补偿原理相似的还有图 2-52 所示的弹簧联轴器和图 2-53 所示的蛇形弹簧联轴器，它们的区别在于中间体分别为圆柱弹簧和蛇形簧片条。

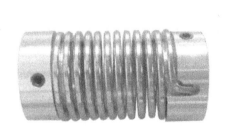

图 2-52　弹簧联轴器

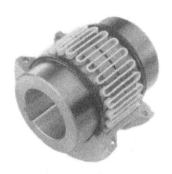

图 2-53　蛇形弹簧联轴器

第三节　数控机床机械组件认知实践

一、实践教学所需的设施

各类滚珠丝杠副，滚动导轨副，滚动导轨块，联轴器。

二、实践教学步骤与要求

1. 滚珠丝杠副

选择一种滚珠丝杠副，测量分析其有关参数，并根据本章第一节所列标准滚珠丝杠导程的数据进行圆整。

丝杠的线数：_____，导程：_____，公称直径：_____。

滚动体的循环方式：_____（内、外）循环，返回方式：_____。

滚珠丝杠副的轴向间隙调整方式：_____。

提示：滚珠丝杠公称直径（也称为计算直径）是指滚珠球心所在的圆柱体直径，正确的测量方法是将一粒与丝杠配合的钢珠用润滑脂黏在丝杠螺旋槽内，用游标卡尺测量钢珠外侧至滚珠丝杠另一侧的距离，按几何关系计算出公称直径测得值，再在滚珠丝杠标准直径系列中取最接近测得值的数据作为该滚珠丝杠的公称直径。

2. 联轴器

1）观察各类联轴器外形后拆开，分析其构造与误差补偿工作原理，写出所见各类联轴器的名称。

2）选择一种联轴器，绘制轴向剖视装配草图。

习　　题

1. 滚珠丝杠副和同步带传动各自综合了哪两种传统传动方式的优点而形成新型传动副？

2. 如图 2-54 所示，用单针法测滚珠丝杠的公称直径 D，其中 d 为钢球（或钢针）直径，D_1 为测得值，D_2 为滚珠丝杠外径，试列出公称直径 D 的计算表达式。

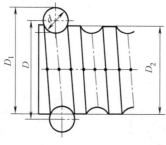

图 2-54　习题 2 图

3. 试比较滚动导轨与滚动导轨块的相同点与不同点。

4. 机床常用的滚动轴承中，滚动体有滚珠与滚子两种，试比较它们的特点（能承受的转速与载荷）。

5. 图 2-43 所示的推力球轴承装置，设轴固定不转，轮毂 3 做转动，试确定推力球轴承的正反面朝向。

6. 试解释数控机床不采用凸缘联轴器和万向联轴器的原因。

第三章

数控车床机械结构与装调

 学习导引

在机器中，实现转动要比实现直线往复运动简单，转动也比直线往复运动冲击小，运行平稳，所以多数机器均以转动为主要的运行方式，这就导致组成机器的零件多数设计成回转体，而以加工回转体为主的车床就成为最主要的金属切削机床。同样，在各类数控机床中，数控车床的应用最广泛，数量最多，所以在此以数控车床作为学习数控机床机械结构与装调的首选。

 学习目标

通过学习本章，学生应全面了解数控车床的整体性能与布局，掌握数控车床各重要机械部件的传动结构与装调方法，了解数控车床液压传动的应用。

 学习重点和难点

重点为典型数控车床主轴和刀架的传动原理，拆卸、装配和调整的过程和技能；难点为数控车床电主轴及免抬式数控车床刀架的结构与传动原理。

第一节　数控车床概述

一、从普通车床到数控车床

从机床的发明与演变历程可知，车床作为历史最悠久的机床，经历了皮带车床、普通车床（全齿轮车床）和数控车床三个阶段的演变史，其中普通车床是车床中应用最广泛的一种，约占车床类总数的一半以上。普通车床能对轴类、盘类、环套类等多种类型的工件进行多种工序加工，常用于加工工件的内外回转表面、端面和各种内外螺纹。使用相应的刀具和附件，还可进行钻孔、扩孔、攻螺纹和滚花等。普通车床工艺范围广、操作灵活、更换不同类型的工件方便等，是单件小批量生产和维修工作选择的主要机床之一。

学习普通车床的结构，有助于深入理解数控车床的工作原理和传动原理。CA6140 型普通车床是我国自主设计制造的典型机床之一，其外形如图 3-1 所示，主要组成部件有主轴箱 3、进给箱 2、溜板箱 14、刀架 6、尾座 9、光杠 12、丝杠 13 和床身 10 等。

卧式车床虽然类型众多，但是传动结构的组成基本相同，均由主轴箱、进给箱、溜板箱和导轨（床身）等几大部件组成，俗称"三大箱"。为了实现车床的表面成形运动、操作与

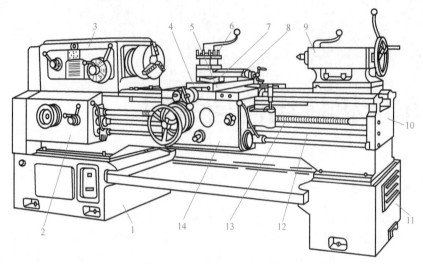

图 3-1 CA6140 车床的外形

1、11—床腿 2—进给箱 3—主轴箱 4—床鞍 5—中滑板 6—刀架 7—回转盘
8—小滑板 9—尾座 10—床身 12—光杠 13—丝杠 14—溜板箱

调整功能，每个部件内又设有多个传动机构，按车床的布局和传动路线的位置绘制的传动原理结构图如图 3-2 所示。各部件的功能和包含的机构简述如下。

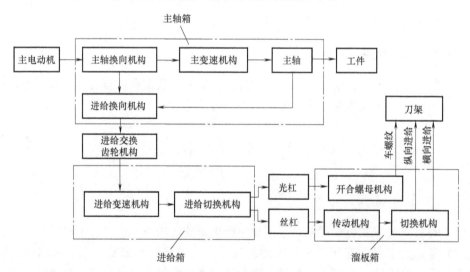

图 3-2 普通车床的传动原理结构图

（1）主轴箱 主轴箱的主要功能是将主电动机的转动经变速机构变速，使主轴得到所需的不同转速和正反转向，同时将主轴箱的动力和运动传给进给箱。主轴箱中的主轴是车床的执行件之一。装有轴承的主轴的旋转精度和平稳性直接影响工件的加工质量。

（2）进给箱 进给箱中装有进给运动的变速机构。调整变速机构可得到所需的进给量或螺距，通过光杠或丝杠最终将运动传至刀架以进行进给或螺纹螺旋表面的加工。

（3）丝杠与光杠 用于连接进给箱与溜板箱，并把进给箱的运动和动力传给溜板箱，使溜板箱获得纵向直线运动。车削各种导程的螺纹时采用丝杠作为机动进给传动件，并用开

合螺母机构来进行运动的连接和断开。加工其他表面时均采用光杠作为机动进给的传动件。

（4）溜板箱 溜板箱是车床进给运动的操纵箱，内装有将光杠和丝杠的旋转运动变成刀架直线运动的传动机构，通过光杠传动实现刀架的纵向进给运动、横向进给运动和快速移动；通过丝杠带动刀架做纵向直线运动，与主轴转动合成为车螺纹运动。

（5）刀架 刀架部件提供可手动单向转位的四个刀具安装位，它的功能是装夹刀具，使刀具做纵向、横向或斜向进给运动，刀架上的小刀架扳转角度后用手动进给能车削内外圆锥面。刀架是车床的执行件之一。

（6）尾座 尾座主要安装起定位支承作用的后顶尖，也可以安装钻头、铰刀等孔加工刀具，以便进行手动进给孔加工。

（7）床身 床身是车床的各个主要部件的支承件，它能够使各部件在工作时保持准确的相对位置。床身上安装有纵向导轨，使刀架的纵向进给运动与主轴保持平行。

普通车床各个功能还需要相应的操纵机构来实现，对操纵机构的要求是操作方便、可靠、快捷，符合人机工程学要求。

数控车床的传动结构是在普通车床的基础上应用了数控技术而形成的。随着机床主轴驱动、进给驱动和 CNC 技术的发展，为适应车削加工高效率、高精度生产的需要，数控车床的机械结构已经从初期对通用车床局部结构的改进，发展形成了数控车床独特的机械结构。

数控车床大幅度简化了普通车床的机械传动结构，其结构形式为"主伺服电动机-主轴"和"进给伺服电动机-丝杠-刀架"，机床的变速和正反向切换等运动置换功能全部由伺服电动机完成，将进给与车螺纹的传动件由光杠和丝杠替换为滚珠丝杠副，实现了纵向和横向的两个进给方向的联动，去掉了全部操纵机构，实现程序驱动下的自动加工或人机交互式操作加工。

二、数控车床的分类

数控车床有多种分类方法，根据数控车床的档次和性能的高低、功能完备程度和应用广泛程度，可分为经济型、主流型和全功能型三大类数控车床。

1. 经济型数控车床

经济型数控车床具有程序加工的基本功能，制造成本低。其进给传动装置必须实现数控化，为节约制造成本，主传动和刀架的数控化均为可选项，其余部分均与普通车床相同。经济型数控车床也可以在普通车床的基础上进行技术改造，它适合于加工形状较简单、精度要求较低的工件。图 3-3 所示为由 CD6132 型普通车床改装的经济型数控车床。

2. 主流型数控车床

主流型数控车床也称为普及型数控车床，具有程序加工主要功能，机床性能达到中上水平，在中小企业中使用率最高，数量最大，也称为中档数控车床。其组成和结构特点是平床身（或斜床身）、各部件都实现数控化（尾座除外）设计，达到中高精度性能。主流型数控车床的制造成本随机床制造工艺日益成熟而逐年下降。图 3-4 所示为 CK6136 型数控车床。

随着数控机床制造技术的发展和企业对数控机床要求的提高，主流型数控车床的配置性能也在逐步提高。

3. 全功能型数控车床

全功能型数控车床是一种高档次、高性能的数控车床，其结构特点为斜床身或平床身、

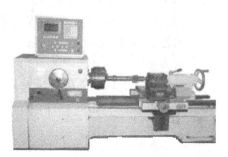

图 3-3   由 CD6132 型普通车床改装的经济型数控车床

图 3-4   CK6136 型数控车床

卧式多刀位液压刀架、主轴液压卡盘、液压尾座。可选的功能部件有自动排屑器、机内自动对刀仪等。图 3-5 所示为卧式全功能型数控车床，图 3-6 所示为拆去外罩后的全功能型数控车床总成，其功能部件有主传动装置、进给装置、刀架、尾座和床身等。

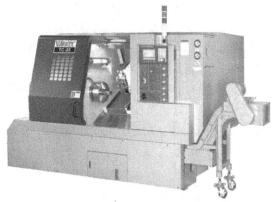

图 3-5   卧式全功能型数控车床

图 3-6   拆去外罩后的全功能型数控车床总成

4. 车削中心

车削中心（又称为车铣复合中心）是数控车床的高级形式，除了全功能型数控车床的功能和配置以外，还具有自动换刀功能、C 坐标轴功能、摆动式动力头和液压刀架等功能装置，可进行车、铣复合加工，故又称为车铣复合机床。部分车削中心还装有双主轴，可实现车削工件的自动调头安装，完成包括调头在内的全部车削内容。

图 3-7 所示为车削中心，图 3-8 所示为拆去防护罩后的车削中心总成。

图 3-7   车削中心

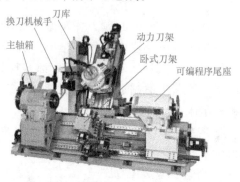

图 3-8   拆去防护罩后的车削中心总成

三、数控车床传动系统

数控机床是机电一体化设备，机床的传动系统包括机床所有机械传动链及传动机构。由于数控机床的功能如主轴变速、刀具（或工作台）的进给运动等多由数控系统控制下的电气部件实现，所以数控机床的传动系统要比普通机床的传动系统简单得多。

MJ-50 型数控车床是济南第一机床集团有限公司与德国德玛吉机床公司的技术合作产品，属于全功能数控车床，主要由主轴箱、床鞍、尾座、刀架、对刀仪、液压系统、润滑系统、气动系统及数控装置等组成。图 3-9 所示为 MJ-50 型数控车床传动系统。

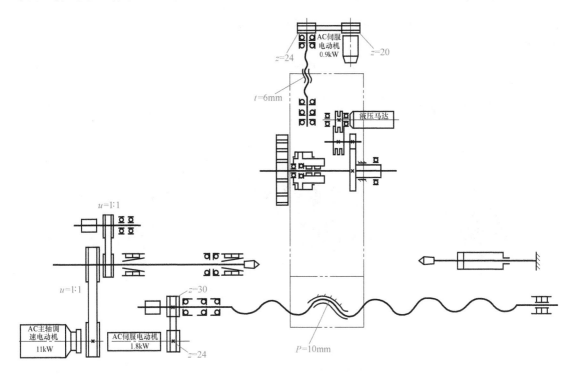

图 3-9　MJ-50 型数控车床传动系统

该机床主要由主传动链、纵向传动链、横向传动链、刀架和尾座传动链组成，各传动链将在以后各节内容中结合本图介绍。

第二节　数控车床主传动装置

数控车床主传动装置的主要作用是装夹工件，并以不同的主轴切削速度满足不同的加工条件要求。数控车床主传动装置应具有以下几方面性能：

1）有较宽的调速范围。较宽的调速范围可增加数控机床加工适应性，便于选择合理的切削速度，从而使切削过程始终处于最佳状态。

2）有足够的功率和转矩。使数控加工能实现低速时大转矩、高速时恒功率，以保证加工的高效率。

3）有足够的传动精度。各零部件应具有足够精度、刚度、减振性，以提高主轴运动的精度，从而保证数控加工的精度。

4）噪声低、运动平稳。在高速切削或大切削用量工作条件下，主传动装置应保持较小的噪声和平稳的运动，使数控机床工作环境良好。

5）工件的装夹和拆卸应方便、迅速、可靠，装夹定位精度高。

一、数控车床主传动装置的组成

数控车床主传动装置通常由主电动机、传动机构等部件组成。

1. 主电动机

数控车床的类型和性能要求不同，采用的电动机类型也不同。常用的三类主电动机的外形如图 3-10 所示。如经济型数控车床的电动机可采用步进电动机或变频电动机，以降低机床成本；中小主流型数控车床通常采用交流伺服电动机，使主电动机具有高速恒功率、低速大转矩和良好的动态性能等特点；大型数控车床则采用直流电动机，以满足主传动系统对宽调速范围和较大的切削转矩的要求。对于车削中心，主电动机还需具有转角控制、圆周精确进给和锁紧等功能，即具有 C 轴功能。

a)   b)   c)

图 3-10　常用的三类主电动机的外形

a）变频电动机　b）交流伺服电动机　c）直流电动机

2. 传动机构

将主电动机的转速和转矩传递给数控车床主轴的传动机构，常用的有 V 带、楔形带或同步带等。V 带和楔形带适用于一般的数控车床；同步带适用于车削中心，因为 C 轴功能需要精确地控制主轴的转角，所以需要采用同步带传动，以防止打滑和弹性滑动现象的产生。

图 3-11 所示为全功能型数控车床的主传动装置，其中主轴编码器的作用是车削螺纹，其原理为：主轴用传动比为 1 的同步带与带轮传动机构将主轴的转角传递给主轴编码器，后者将转角以脉冲形式发送给数控系统，数控系统根据车螺纹指令中的导程参数（F 指令）经过插补运算，发送脉冲驱动进给电动机转动，从而实现了主轴-刀架传动链通过电信号的联动。

为了降低制造成本，主流型数控车床也有采用机械变速和电动机变速结合的形式，其传动示意图如图 3-12 所示。设电动机变速范围为 $n_{电min} \sim n_{电max}$，滑移齿轮在图示位置上的机械传动比为 u_1，滑移齿轮左移后的机械传动比为 u_2，设 $u_2 > u_1$，则主轴的转速范围为

$$n_{主min} = n_{电min} u_1, \quad n_{主max} = n_{电max} u_2$$

由上式可知，改变滑移齿轮位置即可扩大主轴转速范围。换言之，按预定的主轴转速范围，可使主电动机的所需变速范围减小，同时电动机所需的输出转矩也减小，虽然机械变速机构增加了制造成本，但是相比电动机制造成本大幅降低，主传动装置的总成本仍比电动机

直接变速的成本低。

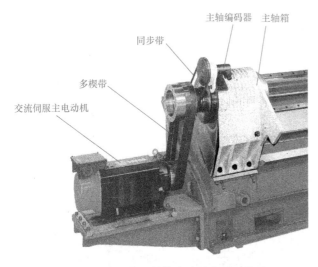
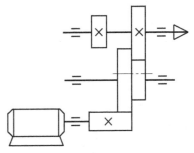

图 3-11 全功能型数控车床的主传动装置

图 3-12 机械变速和电动机变速
结合形式的传动示意图

二、典型数控车床主轴结构

下面介绍两种不同类型的数控车床主轴结构。

1. MJ-50 型数控车床主轴结构

由 MJ-50 型数控车床的传统系统图和外形图可知, 主电动机采用交流伺服电动机, 通过多楔带传动机构与主轴连接, 主轴箱结构简图如图 3-13 所示。通过从动带轮 15 与平键将运动传给主轴 7。主轴前端短圆锥处可安装卡盘, 后端可安装液压卡盘夹紧液压缸, 主轴做成中空, 可穿过卡盘和液压缸的连接杆。

主轴前后采用套杯式结构支承, 使主轴箱孔系成为有利于箱体的孔加工的光孔。前支承由一个双列短圆柱滚子轴承 11 和一对背靠背安装的角接触球轴承 10 组成, 双列短圆柱滚子轴承 11 承受径向载荷, 一对角接触球轴承承受双向的轴向和径向载荷, 这样的主轴轴承配置有利于在中高速下承受较大载荷。前支承轴承间隙用锁紧螺母 8 结合轴承内锥孔

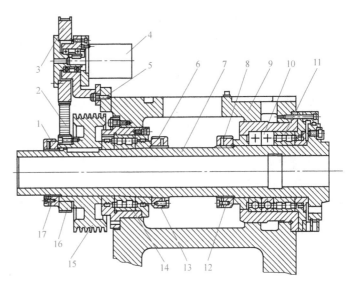

图 3-13 MJ-50 型数控车床主轴结构简图

1、6、8—锁紧螺母 2—同步带 3、16—同步带轮 4—主轴脉冲编码器 5—紧固螺钉 7—主轴 9—主轴箱 10—角接触球轴承 11、14—双列短圆柱滚子轴承 12、13、17—止退螺钉 15—从动带轮

调整，止退螺钉 12 用于锁紧螺母 8 的防松。主轴的后支承为一个双列短圆柱滚子轴承 14。轴承间隙由锁紧螺母 1 和 6 结合轴承内锥孔调整。止退螺钉 17 和 13 用于锁紧螺母 1 和 6 的防松。主轴的支承形式为前端定位，主轴受热膨胀可向后自由伸长。前支承中的角接触球轴承能承受较大的轴向载荷，且允许较高的极限转速。

传动比为 1∶1 的同步带轮 16 和 3 用同步带 2 将主轴 7 和主轴脉冲编码器 4 连接，使其与主轴同步运转，同步带轮 3 与主轴脉冲编码器 4 之间采用卸荷结构，使主轴脉冲编码器 4 的转子只承受小转矩不承受弯矩，主轴脉冲编码器 4 用紧固螺钉 5 固定在主轴箱 9 上。

2. HM-077 型数控车床主轴结构

上海第二机床电器厂有限公司生产的 HM-077 型数控车床主轴结构如图 3-14 所示，与 MJ-50 型数控车床主轴结构相比较，有以下几方面的区别：

（1）主轴与轴系零件连接 主轴与传动件、轴承、隔套、挡圈等不采用普通的键、螺纹等连接方法，而全部采用先进的过盈配合热套工艺进行装配和调整。这种连接方式有利于简化结构，减小主轴轴系质量偏心，提高主轴的连接刚度与极限转速，减小主轴高速运转时的振动。

（2）轴承配置 前支承采用三个角接触球轴承，一对为背靠背安装，另一个开口朝右，有

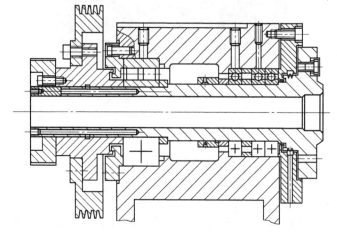

图 3-14　HM-077 型数控车床主轴结构

利于在高速条件下以径向载荷为主，兼承受一定向左的轴向载荷。轴承间隙的调整需要在拆卸挡圈修磨后重新调整热套挡圈。

（3）箱体孔形式 前后支承利用箱体孔台阶止口作为轴向固定结构，减少了轴系零件，提高了连接刚度，但是主轴箱体采用阶梯孔系，比光孔加工难度提高。

三、数控车床工件装夹装置

1. 普通卡盘

（1）自定心卡盘 自定心卡盘（图 3-15a）由卡盘体、活动卡爪和卡爪传动机构组成。自定心卡盘上三个卡爪导向部分的下面与平面螺纹盘相啮合，该螺纹由阿基米德等速螺线形成，其极坐标方程为

$$r = a\theta$$

式中　r——极坐标半径（mm），即每个卡爪夹持面上的点到圆心的距离（半径），起始值相等；

θ——极角（rad），即平面螺纹盘的转角；

a——常数（mm），当 $\theta = 2k\pi$ 时，平面螺纹盘转过 k 圈，每个卡爪径向移动的距离均为 ka。

由上式可知，平面螺纹盘的转角与每个卡爪的径向移动距离成固定的线性关系，从而保证了自动定心功能。

平面螺纹盘的背面为一个大锥齿轮，与三个等距分布的小锥齿轮啮合，当用卡盘扳手通过四方孔转动小锥齿轮时，大锥齿轮通过背面的平面螺纹同时带动三个圆周等分的卡爪向中心靠近或退出，用以夹紧不同直径的工件，而工件的轴线始终与卡盘轴线重合。将三个卡爪换上三个反爪，可用来安装直径较大的工件。自定心卡盘的自动对中精度为 0.05~0.15mm。

卡盘与主轴的连接常采用图 3-15b 所示的短圆锥与端面定位、螺钉紧固的方式，在卡盘 4 与主轴之间有一过渡盘 2 用短圆柱和端面定位、铰制螺栓 3 连接紧固。有些卡盘后端带有定位短圆锥孔与端面，卡盘直接和主轴连接，不需要过渡盘。

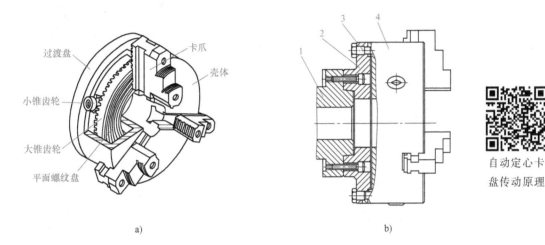

自动定心卡盘传动原理

图 3-15 自定心卡盘外观与构造
a）自定心卡盘结构 b）自定心卡盘与主轴的连接
1—主轴 2—过渡盘 3—铰制螺栓 4—卡盘

（2）单动卡盘 装夹偏心零件、矩形外表面和其他非圆柱形工件，可采用单动卡盘，其外形和构造如图 3-16 所示。单动卡盘具有一个卡盘壳体和四个丝杠，各装一个卡爪。工作时四个丝杠各自带动四个卡爪，单动卡盘没有自动定心功能，通过调整四个卡爪的位置，装夹各种矩形的、不规则的工件。由于工件加工位置调整时间较长，不符合数控机床快速装夹的要求，故应用较少。单动卡盘与车床主轴的连接方式与自定心卡盘相同。

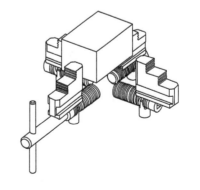

单动卡盘传动原理

图 3-16 单动卡盘的外形和构造

2. 液压夹紧卡盘

在全功能型数控车床上,手动装夹工件既影响机床利用率,装夹精度也不高,在先进制造技术中的柔性制造系统中更需要采用自动装夹工件装置。自动卡盘是必备的机械装置,自动卡盘可采用液压、电动和气动作为动力,其中液压夹紧自动卡盘应用较广。

液压夹紧装置如图 3-17 所示,包括左端的液压缸部件和右端的卡盘部件,两者用连杆 8 连接。压力油从进出油管的接头 2 之一进入,再从活塞缸 5 左法兰轴中的油道进入活塞缸的左腔或右腔,使活塞 4 拉动连杆 8 做轴向往复移动,通过滑座 13 使与之配合的三个滑块 14 在卡盘壳体 11 的径向槽内做径向往复移动,从而使与滑块连接的卡爪 12 实现径向往复移动,实现自动定心夹持工件的功能。

数控车床液压夹紧装置已经实现半标准化,除了连接杆等部分零件为非标准件以外均为标准件,所以对于新数控车床可以作为可选项,一般的数控车床则可将其他装夹方式的卡盘改装成液压夹紧卡盘,但是需要单独的液压站提供压力油。

数车液压夹紧
主轴工作原理

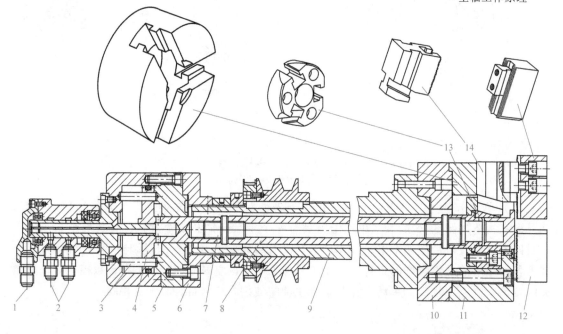

图 3-17 液压夹紧装置

1、2—接头 3—导向销 4—活塞 5—活塞缸 6、10—连接法兰 7—连杆接头 8—连杆
9—主轴 11—卡盘壳体 12—卡爪 13—滑座 14—滑块

第三节 数控车床进给装置

进给装置是数控车床的主要组成部分之一,具有数控车床各直线、回转坐标轴的定位和切削进给功能。进给装置是实现机床程序加工的必备装置,其传动精度的高低将直接决定数

控机床的加工精度。除了进给装置必须是程序控制的以外，数控车床的主传动装置、刀架、导轨和尾座等部件理论上都可以用普通车床相应部件代替。

1. 数控车床对进给装置的要求

数控车床对进给装置的要求有：较高的传动精度与定位精度；较宽的进给调速范围；动态响应速度要快；无间隙传动；精度稳定性好，寿命长；使用维护方便等。

2. 数控车床进给装置的组成

数控车床进给系统一般由进给驱动装置、机械传动装置及检测反馈元件等几部分组成。机械传动装置是指将进给驱动源的旋转运动变为刀架的直线运动的整个机械传动链。数控车床的进给装置通常是由进给伺服电动机、滚珠丝杠副、导轨（滚动或贴塑滑动）等组件组成的传动链。图 3-18 所示为常见的数控机床进给装置实体图。

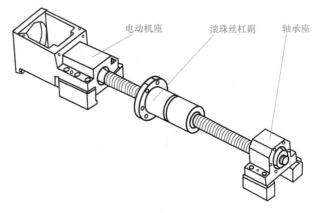

图 3-18　常见的数控机床进给装置实体图

（1）横向进给部件　图 3-19 所示为 CK7850 型数控车床横向进给装置。伺服电动机 5 通过一对齿数相同的同步带传动机构 3 将电动机的转动传动到导程为 6mm 的滚珠丝杠 1，滚珠丝杠上下端各装有一对背靠背的角接触球轴承，下端另装一个开口朝上的角接触球轴承，承受滑板与刀架的重力引起的下滑分力。丝杠转动通过螺母转变成直线移动，在导轨的导向作用下带动横向滑板上安装的刀架（图中未画出）移动。

两个同步带轮分别与电动机轴和丝杠用锥环进行无键连接，如图 3-19a 的 Ⅰ 放大部分，图中 12 和 13 是内外锥面相互配合的锥环组合。从端面拧紧螺钉 10，经过法兰 11 压紧外锥环 13，由于相配合的锥面的作用，使外锥环 13 的外径膨胀，内锥环 12 的内孔收缩，依靠胀紧后产生的摩擦力使电动机轴与带轮连接在一起。锥环的对数根据所传递转矩的大小确定。连接件之间圆周方向可任意调节，配合无间隙，对中性很好，避免了键连接产生的间隙和偏心。为了防止倾斜式刀架引起滚珠丝杠自发转动，进给伺服电动机采用电磁制动。位置反馈元件脉冲编码器 2 与滚珠丝杠 1 相连接，直接检测丝杠的回转角度，消除了齿形带传动误差对定位精度的影响。齿形带的松紧用螺钉 4 来调整。床鞍上与纵向导轨配合的表面均采用贴塑导轨，并用了三根镶条 7、8、9 调整间隙。

（2）纵向进给装置　数控车床纵向进给装置结构简图如图 3-20 所示。进给伺服电动机安装在电动机座左侧，电动机轴与滚珠丝杠用滑块式联轴器连接，丝杠螺母与溜板箱紧固连接，床鞍的纵向移动由丝杠转动带动螺母与溜板箱移动来实现。丝杠的左端支承在三个角接触球轴承上，两个轴承向左开口，一个轴承向右开口，以承受径向力和主要向右的轴向力。丝杠后端支承在深沟球轴承上，后端轴向有一定的伸缩空间，可以补偿由于温度变化引起的丝杠伸缩变形。

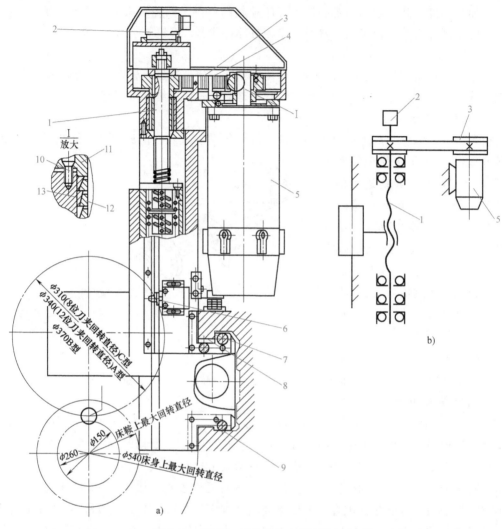

图 3-19　CK7850 型数控车床横向进给装置

a) 结构简图　b) 传动示意图

1—滚珠丝杠　2—脉冲编码器　3—同步带传动机构　4、10—螺钉　5—伺服电动机

6—挡铁　7、8、9—镶条　11—法兰　12—内锥环　13—外锥环

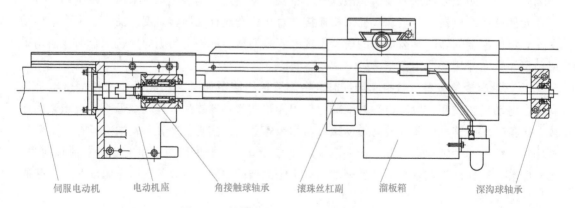

伺服电动机　　电动机座　　角接触球轴承　　滚珠丝杠副　　溜板箱　　深沟球轴承

图 3-20　数控车床纵向进给装置结构简图

第四节　数控车床刀架

数控车床的刀架⊖主要用于安装数控车刀，并能根据加工指令执行刀架的转位动作，在切削过程中始终保持足够的紧固力。根据驱动方式可将数控车床刀架分为电动驱动式和液压驱动式；根据刀架的布局方式可分为立轴式和卧轴式。

数控车床对刀架的要求为：

（1）刀位足够　刀位越多即能安装的刀具越多，越能满足工件复杂表面的加工，避免在加工过程中拆换刀具，但是刀位增多，刀架的体积也随之增大。

（2）刀位转位速度快　刀架转位属于辅助运动，缩短转位总时间可提高机床加工效率。转位角速度越高转位就越快。刀位越多，转位费时也越多。此外，双向驱动要比单向驱动费时少。

（3）刀位转位精度　刀位多次转位到原位置时的重复精度，关系到工件加工精度的稳定性。

（4）刀架承载刚度　在切削力的作用下，刀尖位置的改变将直接影响加工精度。承载刚度好，刀架受力后变形小，加工精度高。

数控车床刀架刀位切换的机械动作过程大致分为以下几步：

（1）抬起　收到换刀指令后，刀架首先要脱离定位锁紧状态，通常是使啮合的鼠牙盘脱开。

（2）转位　刀架的刀具安装部件做回转运动，在转位过程中寻找换刀指令中指定的新刀位（刀具），新刀位的定位通常由发信盘中的霍尔元件（一种传感器）完成。

（3）定位　刀架每次在新的位置都要精确地重复原来的位置，以保证同一刀具被重复调用时的加工精度不受影响。通常先由棘爪式反靠盘、圆柱销等进行初定位后由鼠牙盘的齿部做精确定位。

（4）锁紧　刀架要承受切削力，所以必须锁紧，以防止刀架和刀具在切削过程中发生位置变动。电动式刀架定位后，通过控制锁紧通电时间来控制锁紧力矩。液压刀架则通过控制锁紧液压缸的压力控制锁紧力矩。

一、电动刀架

以电动机驱动的立轴式刀架通常为四刀位刀架，卧轴式刀架通常为 6~8 个刀位。

1. 立轴式四方电动刀架

立轴式四方电动刀架结构简单，制造成本低，刀架工艺刚性好，在经济型和主流型数控车床上应用非常广泛。根据转位时上刀架是否需要升起可分为抬起式和免抬式两类。

（1）抬起式刀架　立式四方抬起式电动刀架结构如图 3-21 所示。刀架中活动的上刀架 1 和固定的下刀架 3 用鼠牙盘相互啮合，并用梯形螺杆 2 锁紧。

如图 3-22 所示，刀塔的下刀架（图 3-22b）紧固在中滑板上，切削加工时，上刀架（图 3-22a）和下刀架用鼠牙盘啮合并锁紧。为了换刀转位，需要先抬起上刀架才能脱离下

⊖　刀架，也称为刀塔。在数控机床中，由于刀具较多，呈塔状排列，故称为刀塔。

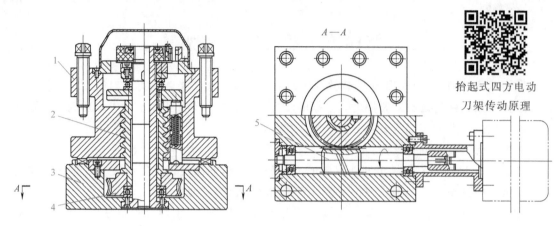

图 3-21 立式四方抬起式电动刀架结构

1—上刀架 2—梯形螺杆 3—下刀架 4—蜗轮 5—蜗杆

刀架。梯形螺杆旋合在上刀架里的内螺纹中，蜗轮和蜗杆分别安装在下刀架中间大孔和垂直交错的孔内。

刀位切换传动过程与传动原理如下：

1）抬起。电动机轴通过联轴器带动蜗杆、蜗轮转动，蜗轮与梯形螺杆通过过盈配合成为一组合件。梯形螺杆的转动使上刀架上移，从鼠牙盘啮合部位脱离，上刀架抬起。

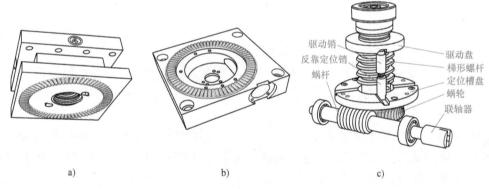

图 3-22 四方刀架内部构造

a）上刀架 b）下刀架 c）刀架传动机构

2）转位。如图 3-23a 所示，在上刀架抬起的过程中，梯形螺杆与驱动槽盘沿箭头方向同步转动（两者用圆柱销连接）；如图 3-23b 所示，当上、下刀架脱开后，驱动盘上的径向槽正好与驱动销对准，驱动销在内部压簧的作用下往上顶入槽内，驱动盘与驱动销、上刀架一起转动，开始转位，而下方的反靠定位销从其头部的斜边方向从定位盘径向槽中拉出，在定位槽盘端面滑动。在图 3-21 中，当上刀架上方安装在支架上的小永久磁铁随上刀架转动到安装在发信盘中的与新刀位对应的霍尔元件附近时，霍尔元件发出信号，电动机停止转动，刀架转位结束。

3）定位。如图 3-23c 所示，在霍尔元件发出转位结束信号的同时，反靠定位销正好处于新刀位四条径向槽之一的上方，在内部压簧的作用下，定位销顶部落入下方的槽内，同时

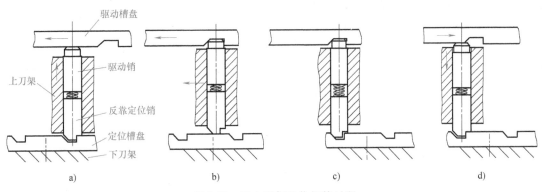

图 3-23 四方刀架刀位切换过程

a）抬起 b）转位 c）定位 d）下降锁紧

刀架电动机开始反转，带动驱动盘和梯形螺杆反转，驱动盘推动上刀架反转至定位销顶部的垂直面紧靠定位盘径向槽一侧后，上刀架停止转动。

4）下降锁紧。如图 3-23d 所示，上刀架停止反转后在梯形螺杆反转作用下开始下降，由于反靠定位已使上下鼠牙盘的啮合位置对准，所以上刀架下降时鼠牙盘不会产生顶齿现象。此时驱动盘径向槽斜边一侧使得驱动销从槽内被推出，梯形螺杆继续转动一个角度直至鼠牙盘锁紧。

（2）免抬式刀架 抬起式刀架在抬起时上刀架和下刀架的接合面分离，此时切屑和切削液很容易进入内部，影响刀架的位置精度、锁紧刚度和产生锈蚀。近年来一种可使上刀架在刀位切换过程中不需要上抬的电动四方刀架面世，并逐步替代抬起式刀架，其主体结构如图 3-24 所示，转位传动机构如图 3-25 所示。该刀架的转位传动工作原理与抬起式基本相同。

免抬式刀架主要改进之处在于（图 3-24）：将上刀架分为上刀架本体 3 与活动鼠牙盘 1 两个零件，两者用 8 个圆周分布的导向销 2 活动连接。在切换刀位过程中活动鼠牙盘 1 单独做升降运动，上刀架本体 3 在导向销的作用下做单方向转动，上、下刀架接合面始终保持接触，从而有效地防止杂质和液体进入刀架内部。"免抬"是指上刀架不再有上升和下降动作，

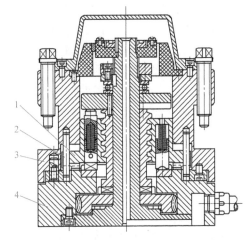

图 3-24 免抬式四方电动刀架结构

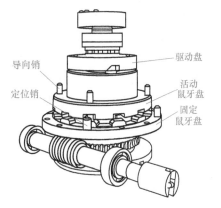

图 3-25 免抬式刀架转位传动机构

免抬式四方
电动刀架
传动原理

1—活动鼠牙盘 2—导向销 3—上刀架本体 4—下刀架

但是内部的鼠牙盘在刀位切换过程中仍需升降做脱开与啮合动作。

2. 卧轴式八方电动刀架

立轴式刀架的刀位数增加将引起车床纵向切削行程减小，而卧轴式刀架的体积只占用垂直空间，基本不影响纵向切削行程，故在需要多刀位的数控车床如全功能型数控车床上应用广泛。

图 3-26 所示为卧轴式八方电动刀架结构。

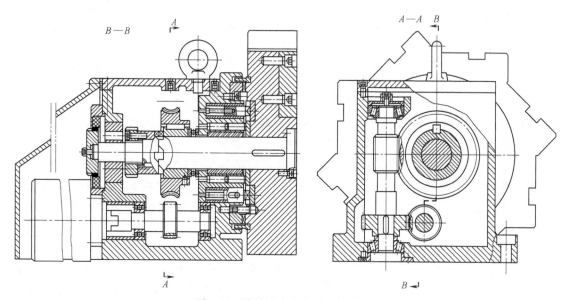

图 3-26　卧轴式八方电动刀架结构

卧轴式八方电动刀架的刀位数通常为 6~12，刀位切换传动的工作原理与立轴式基本相同，不同之处在于：

（1）刀架主轴的传动方式　如图 3-27 所示，电动机通过一对空间垂直交错的螺旋齿轮传递给蜗杆，再由蜗轮蜗杆机构传递到刀架回转主轴。

（2）刀架活动刀架抬起传动方式　图 3-27 中刀架主轴左端固定连接端面凸轮，蜗轮左端为凸轮的另一半与轴空套，轴的右端固定连接刀盘，鼠牙盘的一半固定在刀架箱体端面，另一半和刀盘为一整体。图 3-28a 所示为刀架锁紧状态，依靠凸轮顶部的推力使鼠牙相互啮合，当蜗轮按图示方向转动时，在压簧的作用下主轴右移，左右凸轮沿斜面相互啮合；如图 3-28b 所示，鼠牙盘脱开，蜗轮继续转动，通过凸轮带动主轴-刀盘转位。转位到新刀位时，通过发信盘（图中未画出）发出信号，电动机反转，通过输入传动机构使蜗轮如图示反方向转动，凸轮沿斜面相互推开至顶部，主轴左移，鼠牙盘啮合锁紧。

二、液压刀架

与电动刀架相比，液压刀架采用压力油作为动作的传递控制介质，能实现快速、低噪声、正反转、双向最短路径转动寻找换刀刀位，松开和锁紧迅速，工作可靠性好。但配置液压刀架需要相应的液压系统提供压力油和控制装置，所以一般在全功能数控车床上配置液压刀架。

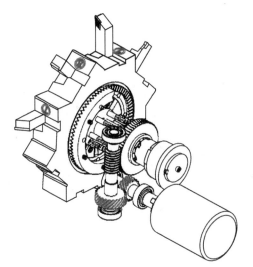

卧轴式八刀
位电动刀架
传动原理

图 3-27 卧轴式八方电动刀架输入传动方式

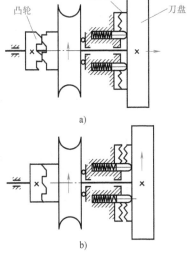

图 3-28 锁紧与抬起示意图

a) 锁紧状态 b) 脱开状态

图 3-29 所示为 12 刀位液压刀架的外形。图 3-30 所示为其结构图，刀架主轴 4 上从右到左装有与刀盘紧固的活动鼠牙盘、用花键连接的蜗轮、活塞和发信盘等。刀架在图示位置为锁紧状态，液压缸右腔为压力油。

刀位更换过程如下：

1. 抬起

液压缸 6 左腔进油，右腔回油，推动活塞杆—主轴—活动鼠牙盘向右移动，啮合的鼠牙盘脱开，抬起动作完成。

2. 转位

用联轴器与蜗杆连接的液压马达（也可用步进电动机

图 3-29 12 刀位液压刀架的外形

或伺服电动机）开始转动，带动蜗轮 7—刀架主轴 4—刀盘 10 转动并根据指令寻找目标刀位，当霍尔元件 1 与发信盘 3 上的永久磁铁接近时，发出信号使液压马达停止转动，转位结束。

3. 定位与锁紧

液压缸 6 右腔进油，左腔回油，主轴左移直至鼠牙盘啮合，锁紧后停止，刀位切换过程结束。此外，数控车床还有一种如图 3-31 所示的排式刀架，这种刀架的各刀夹固定在横向滑板上，刀位切换运动直接采用 X 轴快移运动，具有结构简单、制造成本低、刀具系统刚性好等优点。但是由于刀具容量小、整体占用空间大，工件需要在刀具之间相对移动，限制了工件加工尺寸，故在以纵向进给为主的小型数控车床上应用较多。

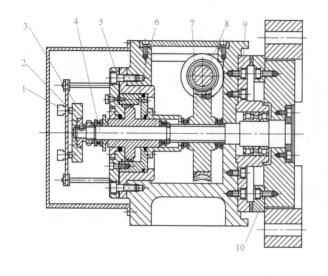

图 3-30　液压刀架结构

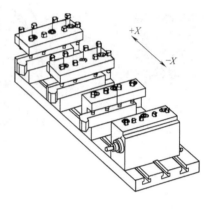

图 3-31　排式刀架

1—霍尔元件　2—安装盘　3—发信盘　4—刀架主轴　5—活塞
6—液压缸　7—蜗轮　8—蜗杆　9—固定鼠牙盘　10—刀盘

第五节　数控车床其他部件

1. 数控车床的尾座

数控车床尾座在加工轴类工件时起装夹支承作用，也可安装刀具进行部分中小孔加工，如打中心孔、钻孔铰孔、攻螺纹等。根据尾座套筒移动的驱动方式可分为手动、气动和液压驱动等类型。

（1）手动尾座　典型手动尾座结构如图 3-32 所示。尾座是一套位置可调整的短程直线进给装置，由螺旋机构和直线导向机构组成。套筒下方开有直槽，尾座体上装有滑键，限制

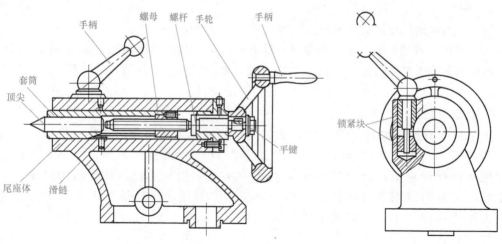

图 3-32　典型手动尾座结构

套筒转动。尾座与车床纵向导轨的位置固定后，转动手轮手柄，螺杆即可使装有螺母的套筒移动。套筒内的顶尖也可换作带莫氏锥度的钻夹头等机床附件，安装孔加工刀具后可进行手动加工。转动锁紧手柄将使两锁紧块分离或合拢，即可锁紧或松开套筒与尾座体的连接。

手动尾座通常应用在经济型和部分普及型数控车床上，其最大的缺点是只能手动操作，不能实现自动运行。

（2）液压尾座　在配备液压系统的数控车床上可配置液压尾座，液压尾座能实现工件顶紧与松开的自动化。顶尖的移动速度和顶紧力均可调整。液压尾座有外置式液压缸和内置式液压缸两种形式，如图 3-33 所示，其中前者液压缸为标准件，成本低，后者结构紧凑，工作性能好。

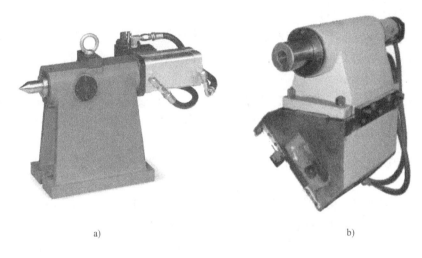

a)　　　　　　　　　　b)

图 3-33　液压尾座
a）外置式液压缸　b）内置式液压缸

图 3-34 所示为 MJ-50 型数控车床液压尾座结构简图，尾座部件的移动由 Z 向进给装置

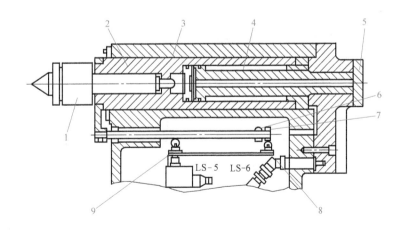

图 3-34　MJ-50 型数控车床液压尾座结构简图
1—顶尖　2—套筒　3—尾座体　4—活塞杆　5—端盖　6、7—行程挡块　8、9—触点开关

带动，调整到预定位置后，由手动控制液压缸将尾座锁紧在尾座的固定导轨上。

当工件在卡盘中装夹完成后需要尾座顶尖伸出顶紧时，可将尾座液压控制回路中的方向阀切换到伸出位置，压力油通过端盖 5、活塞杆中的油孔进入内置式液压缸的左腔，由于活塞杆固定在尾座体上，所以液压缸（即套筒）在压力油的作用下向左伸出，液压缸右腔的油液经回油路回油箱。通过操作手动开关或脚踏开关，调整回路中的调速元件即可控制套筒-顶尖的运动速度和位置。此外，调整回路中的减压阀即可调整顶尖的顶紧压力。

在数控加工自动循环中，需要先调整好行程挡块 6 作为顶紧位置，行程挡块 7 作为起始位置，当触点开关 8 被行程挡块 7 压下，或者触点开关 9 被行程挡块 6 压下后，向系统发出尾座移动停止的信号。加工程序中用 M 指令可以控制液压缸移动。

通常具有液压系统的数控车床为全功能型数控车床，其刀架采用多刀位、卧式结构及液压驱动，具有手动加工中小孔系的功能，故液压尾座的主要功能为装夹工件时的顶紧。

作为液压执行元件的内置式液压缸，并非标准化液压元件，而且采用了活塞杆固定、液压缸运动的方式，增加了移动部件的导向长度，提高了工件的装夹精度。

2. 数控车床的床身

机床床身上安装、承载着几乎所有的机床部件，所以是一个非常重要的基础支承件。为了满足数控机床高速度、高精度、高生产率、高可靠性和高自动化程度的要求，与普通机床相比，数控机床应有更高的静、动刚度和更好的减振性。

机床床身的制造材料有铸铁、钢板和花岗岩等，对应的制造工艺分别为铸造、焊接和切割加工。

数控车床的床身按结构形状不同可分为平床身（图 3-35a）、斜床身（图 3-35b）和垂直床身（图 3-35c），三种床身对应不同的机床布局。

（1）平床身　如图 3-35a 所示，为了装调刀具的便利，只能将刀架布置在靠近操作者一侧，由此导致加工观察和工件检测困难，X 轴的行程也受到限制。平床身的外形如图 3-36 所示，床身上方的导轨与地面保持平行，左上方安装主轴箱，正前方垂直面安装 Z 轴进给的驱动部件，进给装置和尾座等载荷都集中在导轨上。

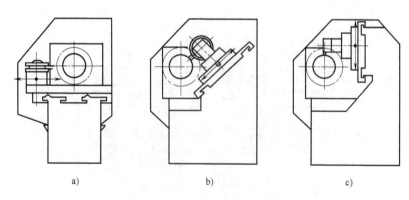

a)　　　　　　　　　　b)　　　　　　　　　　c)

图 3-35　不同倾斜角度床身的数控车床布局侧视简图

a）平床身　b）斜床身　c）垂直床身

（2）斜床身　图 3-37 所示为斜床身的外形，其结构特点为：主轴部件、进给装置与尾座部件的安装面均与地面倾斜，位置上相互独立，总体支承面积比平床身显著增大。

（3）垂直床身　图 3-35c 所示为垂直床身布局，垂直床身可视为倾斜角为 90°的斜床身结构，因其刀架位于工件上方，故可减小车床宽度尺寸和主轴中心高度。

图 3-36　平床身的外形

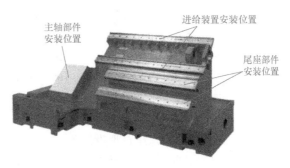

图 3-37　斜床身的外形

通常平床身可通用于数控车床和普通车床，而斜床身数控车床是根据数控加工的原理和要求开发设计的，在机床的布局、刚性、精度以及排屑能力等方面都比平床身数控车床有显著的提高。

（1）机床布局对比　平床身数控车床的导轨所在平面与水平面平行。斜床身数控车床的两根导轨所在平面则与水平面相交，成一个斜面。图 3-35a 所示的平床身与图 3-35b 所示的斜床身相比，后者在相同导轨宽度的情况下，X 向行程比前者要长，其实际意义是 X 向行程的增加和刀架的转位空间增大，刀位数增加。

（2）切削刚性对比　由图 3-38 所示的数控车床床身截面形状可知，平床身（图 3-38a）的截面呈四方形；斜床身（图 3-38b）的截面呈直角梯形，截面面积要比同规格平床身的大，并设计了封闭的轮廓加强肋条，抗弯曲和抗扭能力显著加强。此外，斜床身数控车床的刀具是在工件的斜上方往下进行切削，切削力与工件的重力方向基本一致，故切削过程平稳性好，不易引起切削振动，而平床身数控车床在切削时，刀具与工件产生的径向切削力与工件重力大致垂直，容易引起切削振动。

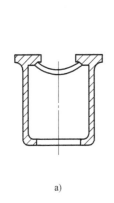

a)

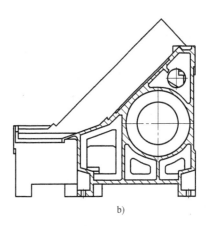

b)

图 3-38　数控车床床身截面形状

a）平床身　b）斜床身

（3）机床加工精度对比　数控车床使用的是高精度的滚珠丝杠，丝杠与螺母之间的传动间隙很小，当丝杠做正反转时，滑板做正反向移动，丝杠与螺母之间会产生轴向反向间隙，影响数控车床的定位精度，从而影响加工精度。斜床身数控车床的 X 轴进给装置的重力方向与 X 轴丝杠轴向夹角小于 90°，产生的 X 方向的分力使传动时的反向间隙基本消除。而平床身数控车床的 X 轴丝杠不受轴向重力影响，间隙无法直接消除。

（4）排屑能力对比 由于重力的关系，斜床身数控车床的切屑不易缠绕刀具，利于排屑；同时配置丝杠和导轨防护钣金，可以避免切屑在丝杠和导轨上堆积。

斜床身数控车床一般都配置自动排屑机，可以自动清除切屑，增加工人的有效工作时间。平床身的结构则很难加设自动排屑机。

（5）自动化生产对比 机床刀位数的增加、自动排屑机的配置，实际上都是为自动化生产打基础。斜床身数控车床再增设铣削动力头、自动送料机床或者机械手，自动上料，一次装夹完成所有的切削工序，自动下料与自动排屑，就成了工作效率极高的自动数控车床。平床身数控车床的结构在自动化生产方面处于劣势。

虽然斜床身数控车床比平床身数控车床先进，但是目前其市场占有率却远落后于平床身数控车床，后者以结构简单、工艺性好、价格低廉、基本功能适合需求等优点，仍占据着我国数控车床大部分市场份额。

相对来说，斜床身数控车床的缺点是制造难度高、床身重、X 向需要伺服电动机带制动功能，故制造成本仍然较高。

第六节　数控车床液压传动装置

全功能型数控车床通常使用液压传动装置，以满足机床高性能要求，尤其是能使数控车床的工件装夹、刀架转位和尾座移动等辅助运动实现高速、自动和可控，也是使数控车床成为柔性制造单元的必备条件。

一、MJ-50 型数控车床液压系统

MJ-50 型数控车床的主轴卡盘装夹工件、刀架回转和尾座套筒伸缩均采用液压传动。图 3-39 所示为 MJ -50 型数控车床液压系统原理图。

1. 液压系统动力部分

液压系统动力部分采用变量液压泵为压力油动力源，系统输出压力调整至 4MPa，由压力表 14 显示。泵出口的压力油经过单向阀进入各控制回路，单向阀起到系统安全保压作用，当液压泵电动机结束工作或因故障而断电时，单向阀能阻止各回路的油回流到液压泵和油箱而引起系统压力降低。

2. 主轴卡盘动作控制

主轴卡盘需要完成工件的夹紧和松开动作，并通过切换不同调整压力的减压阀 6 和 7，改变液压缸内的油压，使卡盘获得不同的夹紧力。

（1）卡盘的夹紧 卡盘夹紧与松开工件是通过电磁换向阀 1 进行切换的，1YA 通电，2YA 断电，阀的左位接入，压力油进入液压缸的右腔，活塞杆左移，通过卡盘的斜楔机构使卡爪向心移动，夹紧工件，液压缸左腔的油回油箱。

（2）卡盘松开 当 2YA 通电而 1YA 断电时，电磁换向阀 1 的右位接入，压力油进入液

压缸的左腔，活塞杆右移，卡爪向外移动，松开工件，液压缸右腔的油回油箱。

（3）卡盘高压夹紧 卡盘夹紧力的切换是通过电磁换向阀 2 和减压阀 6、7 实现的。通过压力表 12 可显示液压缸内的油压（压力油通过卡盘斜楔机构转为夹紧力），调整减压阀 6 和 7 可获得不同的输入液压缸油压，设减压阀 6 调为高压，减压阀 7 调为低压，图3-39中，电磁换向阀 2 的 3YA 断电，系统压力油经过减压阀 6 向卡盘液压缸提供较高的压力，减压阀 7 则处于断路状态。

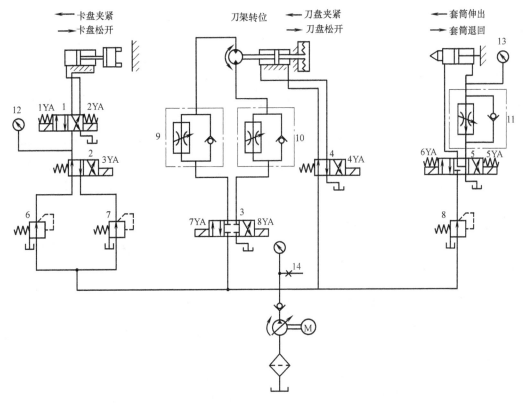

图 3-39 MJ-50 型数控车床液压系统原理图

1、2、3、4、5—电磁换向阀 6、7、8—减压阀 9、10、11—调速单元 12、13、14—压力表

（4）卡盘低压夹紧 当电磁换向阀 2 的 3YA 通电时，阀的右位接入，系统压力油经过减压阀 7 向卡盘液压缸提供较低的压力，减压阀 6 则处于断路状态。

3. 尾座套筒动作的控制

尾座套筒的液压缸设置为活塞杆固定，液压缸和套筒为同一运动整体，套筒的伸出与退回由三位四通电磁换向阀 5 控制，套筒伸出工作时的顶紧力大小通过减压阀 8 来调整，并由压力表 13 显示压力。

（1）尾座套筒的伸出 当电磁换向阀 5 的 6YA 通电、5YA 断电时，电磁换向阀 5 左位接入，系统压力油经减压阀 8→电磁换向阀 5（左位）→液压缸左腔→套筒伸出，液压缸右腔油液经调速单元 11 中的调速阀→电磁换向阀 5（左位）回油箱。

（2）尾座套筒的退回 当电磁换向阀 5 的 5YA 通电、6YA 断电时，电磁换向阀 5 右位接入，系统压力油经减压阀 8→电磁换向阀 5（右位）→调速单元 11 中的单向阀→液压缸右腔，套筒退回。这时液压缸左腔的油液经电磁换向阀 5（右位）直接回油箱。

调速单元 11 中单向阀的作用在于使套筒在伸出时压力油经过调速阀调速，退回时压力油经过单向阀而不经过调速阀，实现了套筒慢进快退的工作要求。

4. 回转刀架动作的控制

液压回转刀架换刀时，必须严格按照"刀盘的鼠牙盘脱开→刀盘转位（正转或反转）→刀盘的鼠牙盘锁紧"的顺序进行。

（1）刀盘的鼠牙盘脱开　刀盘的脱开与锁紧由电磁换向阀 4 控制。

换刀指令开始执行时，电磁换向阀 4 的 4YA 通电，右位接入，压力油经过电磁换向阀 4 的右位进入刀架液压缸左腔，活塞杆向右移动顶开右侧的活动鼠牙盘，为转位做好准备。

（2）刀盘的鼠牙盘转位　刀盘的旋转由电磁换向阀 3 控制，当刀盘的鼠牙盘脱开时，电磁换向阀 3 的 7YA 和 8YA 之一通电（另一个则断电）分别可使液压马达带动刀盘正转和反转。

刀盘的回转速度由两个对称布置的调速阀-单向阀调速单元 9 和 10 组成。当 7YA 通电而 8YA 断电时，压力油由下而上进入调速单元 9，其中的单向阀关闭，压力油经过调速阀进入液压马达；液压马达的回油由上而下进入调速单元 10，经过打开的单向阀直接回油箱。当 8YA 通电而 7YA 断电时，调速单元 9 与 10 的作用互换。

（3）刀盘的鼠牙盘锁紧　转位结束后，电磁换向阀 4 的 4YA 断电，在电磁换向阀 4 弹簧的作用下左位接入，压力油经过电磁换向阀 4 的左位进入刀架液压缸右腔，活塞杆向左移动使活动鼠牙盘与固定鼠牙盘啮合并锁紧。

二、CK3225 型数控车床液压系统

CK3225 型数控车床可以车削内圆柱面、外圆柱面、圆锥面及各种圆弧曲线，适用于形状复杂、精度高的轴类和盘类零件的加工。

图 3-40 所示为 CK3225 型数控车床的液压系统原理图。液压系统功能包括控制卡盘的夹紧与松开、主轴变速、转塔刀架的夹紧与松开、转塔刀架的转位和尾座套筒的移动。

1. 卡盘支路

支路中减压阀的作用是调节卡盘夹紧力，工件粗加工时需要足够的夹紧力，精加工或加工薄壁工件时为防止工件变形需要较小的夹紧力。压力继电器的作用是当液压缸压力不足时，立即使主轴停转，以免卡盘松动将旋转工件甩出，引发安全事故。

卡盘支路采用双液控单向阀的对称锁紧回路，即在液压缸的进、回油路中都串联液控单向阀（又称为液压锁），当其中任何一个单向阀进入压力油打开时，另一个单向阀同时也打开；当任一时刻系统失压或停止供油时，两个单向阀同时关闭锁紧，使卡盘卡爪始终处于原有锁紧位置。

2. 液压变速机构

部分数控机床主轴采用电动机与机械联合变速，变速箱采用液压换档装置，在变档液压缸 I 回路中，减压阀的作用是防止拨叉在换档过程中滑移齿轮和固定齿轮端部接触（没有进入啮合位置），液压缸压力过大会损坏齿轮。

图 3-41 所示为液压变速机构原理图。三个液压缸都是差动液压缸，用 Y 型三位四通电

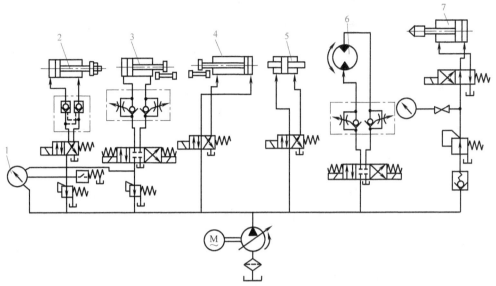

图 3-40 CK3225 型数控车床的液压系统原理图

1—压力表 2—卡盘液压缸 3—变档液压缸Ⅰ 4—变档液压缸Ⅱ

5—转塔夹紧缸 6—转塔转位液压马达 7—尾座液压缸

磁换向阀来控制。滑移齿轮的拨叉与变速液压缸的活塞杆连接。当液压缸左腔进油右腔回油、右腔进油左腔回油或左右两腔同时进油时，可使滑移齿轮获得左、右、中三个位置，达

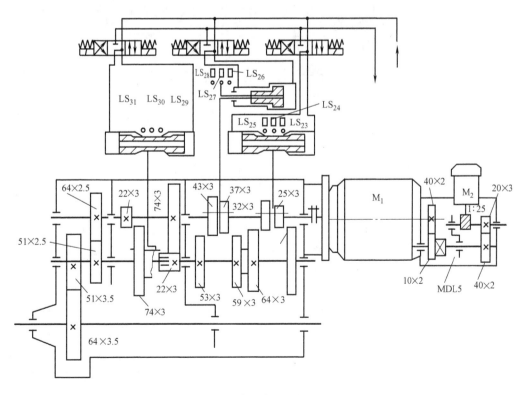

图 3-41 液压变速机构原理图

到预定的齿轮啮合状态。在自动变速时，为了齿轮不发生顶齿而顺利进入啮合，应使啮合齿轮之一先在低速下运转，对于采取无级调速电动机的系统，只需接通电动机的某一低速驱动的传动链运转；对于采用恒速交流电动机的纯分级变速系统，则需设置图 3-41 中的慢速驱动电动机 M_2。

在变速时起动 M_2，驱动慢速传动链运转。自动变速的过程为：起动传动链慢速运转→根据指令接通相应的电磁换向阀和主电动机 M_1 的调速信号→齿轮块滑移和主电动机的转速接通→相应的行程开关被压下，发出变速完成信号→断开传动链慢速转动→变速完成。

3. 刀架系统的液压支路

CK3225 型数控车床的刀架有八个工位可供选择。因其以加工轴类零件为主，所以转塔刀架采用回转轴线与主轴轴线平行的结构形式，其刀架结构如图 3-42 所示。

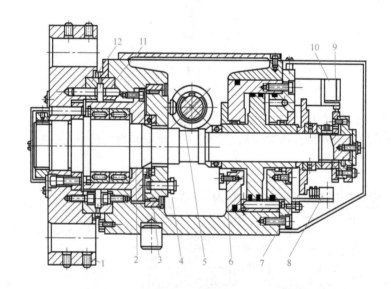

图 3-42　CK3225 型数控车床刀架结构

1—刀盘　2—中心轴　3—回转盘　4—滚子　5—凸轮　6—液压缸　7—盘　8—行程开关
9—选位凸轮　10—计数开关　11—活动鼠牙盘　12—固定鼠牙盘

刀架的夹紧和转动均由液压驱动。当接到转位信号后，液压缸 6 右腔进油，左腔回油。将中心轴 2 和刀盘 1 向左抬起，使活动鼠牙盘 11 与固定鼠牙盘 12 分离；随后液压马达驱动凸轮 5 旋转，凸轮 5 拨动回转盘 3 上的八个滚子 4，使回转盘 3 带动中心轴 2 和刀盘 1 旋转，凸轮每转一周，拨动一个滚子，使刀盘转过一个刀位，同时固定在中心轴 2 尾端的选位凸轮 9 相应压下计数开关 10 一次，当刀盘转到指令指定的刀位时，液压马达停转。液压缸 6 左腔进油，右腔回油，将中心轴 2 和刀盘 1 向右拉动，两鼠牙盘重新啮合并锁紧，此时盘 7 压下行程开关 8，发出转位停止信号。

这种转位结构的特点是定位稳定可靠，不会产生越位；刀架可正、反两个方向转动，自动选择最近的回转行程，缩短了辅助时间。

第七节　数控车床装调实践

一、数控车床主轴装调

（一）实践教学所需的设施

数控车床主轴箱部件，拆装通用工具和专用工具，检具，滚动轴承加热器，主轴部件装配图。

（二）实践教学步骤与要求

分析装配图和装调工艺卡，看懂数控车床主轴结构和装配关系，拟订拆卸工艺。了解滚动轴承加热器的工作原理，学会使用方法。

数控车床主　　　　　　数控车床主　　　　　数控车床主轴检测
轴拆卸视频　　　　　　轴装配视频　　　　　　与调整视频

数控车床主轴与液压夹紧装置装调工艺过程卡见表3-1。

二、数控车床 Z 轴进给装置装调

（一）实践教学所需的设施

主流型数控车床（如 CK6140 型），拆装调通用工具和专用工具，百分表、杠杆百分表等通用计量器具，检验棒与检验套等专用检具，部件装配图等。

（二）实践教学步骤与要求

1. 拆卸

1）看懂 Z 轴进给装置装配图的零部件装配关系，制订拆卸工艺，卸下外罩壳。

2）拆卸 Z 轴进给伺服电动机部件（包括联轴器）。

3）松开丝杠两端支承座的固定螺钉，旋松左端紧固圆螺母。

4）用拔销器拔出右端支承座上的定位销，用顶拔器拉离右端支承座部件。

数控车床 Z
轴拆卸视频

5）用木制挡条顶住溜板箱和左端支承座之间，转动丝杠，使丝杠与左支承座分离。

6）拆卸溜板箱内丝杠润滑装置，拆下丝杠螺母法兰紧固螺钉，将丝杠连同螺母一起向右取出。

7）松开大拖板与溜板箱之间的固定螺钉，用拔销器拔出定位销，拆下固定螺钉即可卸下溜板箱。

2. 装调

按数控车床制造过程，先调整丝杠的电动机座孔、溜板箱螺母安装孔、右端轴承孔三个孔的轴线共线，再调整这些轴线与纵向导轨（Z 轴）的平行度，然后配作各定位销孔。

表 3-1　数控车床主轴与液压夹紧装置装调工艺过程卡

(单位名称) 工序号	工序名称	装调工艺过程卡片 工序内容	部门	部件名称 装配通用工具及装备	数控车床主轴部件 装配专用工具	第　页　共　页 备注
1	拆卸 准备工作	分析拆卸工艺	拆装室（下同）			
2	主轴与箱体分解	拆卸主轴尾端锁紧螺母		锤子		
		拆卸同步带轮、V 带轮		内六角扳手	尖棒	
		取出平键		台虎钳		
		拆卸后轴承盖和前轴承盖		内六角扳手		
		轴系部件整体拆卸		铜棒、锤子	主轴尾部专用堵头	
3	主轴轴系拆卸	拆卸后轴承组合		顶拔器、活扳手	专用加长杆	
		拆卸前轴承锁紧螺母		锤子	尖棒	
		取出隔套				
		拆卸前主轴承组合和前端盖		铜棒、锤子	垫铁	
	装配	准备工作		零件摆放、轴承清洗	清洗装置	
4	主轴装配	主轴尾端朝上放置		游标卡尺（测量轴承套开口边）、隔热手套	滚动轴承加热器、测温计	
		套入前端盖				先装 O 形密封圈
		装入主轴组合				角接触轴承面对面安装

序号	工序	操作内容	工具、量具	技术要求
		填润滑脂,装入长隔套	游标卡尺(测量轴承套开口边)、隔热手套	角接触球轴承面对面安装
		旋入锁紧圆螺母		
		装入后轴承组合	滚动轴承加热器,测温计	
		填轴承润滑脂		
5	总装	轴系部件从箱体前端装入	铜棒、锤子；主轴尾部专用堵头	
		紧固前轴承盖	内六角扳手	
		装入后端隔套、后盖	内六角扳手	
		旋入后轴承锁紧圆螺母	内六角扳手	
		装入平键	铜棒	
		装入V带轮	铜棒	
		装入同步带轮	内六角扳手	
		装隔套和锁紧圆螺母		
6	调试检测	测量轴承轴向间隙,调整前轴承锁紧螺母,并锁紧	百分表与磁性表架	轴向圆跳动量在0.02mm以内
		调整后轴承间隙,先锁紧,再倒转1/10圈,并锁紧	尖棒、锤子	
		检测径向圆跳动量与轴向圆跳动量	百分表与磁性表架	径向圆跳动量与轴向圆跳动量在0.02mm以内
	结束	收齐工量具,场地清洁		

1）连接大拖板与溜板箱，初步拧紧连接螺钉，在电动机座孔和溜板箱螺母孔处分别装入检验套，插入检验棒，在溜板箱顶部（桥板）安装杠杆千分表，测头分别打在检验棒表面相互垂直方向的素线上。

2）移动溜板箱，根据表的读数检测两孔的同轴度误差，调整溜板箱到正确位置后紧固螺钉。

3）安装右侧轴承座，装入检验套和检验棒，用同样的方法检测螺母孔与右侧轴承座孔的同轴度误差。

4）调整右侧轴承座到正确位置后紧固螺钉，若已定位销孔则打入定位销再紧固螺钉；若无定位销孔，则用手电钻钻定位销底孔，用铰刀铰孔（下同）。

5）卸掉全部检验棒和检验套，按拆卸过程的反向顺序装配除电动机以外的零件；滚动轴承采用压入法或拉入法装配，条件不符合时可采用铜棒和专用套敲入法装配。

6）转动丝杠，检查其转动灵活性。

7）在滚珠丝杠素线上安装千分表测头，转动丝杠检测丝杠径向圆跳动量。

8）在滚珠丝杠右侧安装千分表测头，转动丝杠检测丝杠轴向圆跳动量。

9）安装进给伺服电动机，安装外罩壳。

（三）思考题

1）为什么同轴度误差和平行度误差都需要在两个相互垂直的方向上测量？

2）丝杠与导轨的两个方向上的平行度误差是如何检测和调整的？

3）若测量发现两根检验棒直径大小有点不一致，如何将直径差计入测量结果以提高检测精度？

三、数控车床电动刀架装调

（一）实践教学所需的设施

数控车床抬起式四方立式电动刀架，拆装工具，刀架装配图等。

（二）实践教学步骤与要求

按数控车床刀架装调工艺卡（表3-2）进行。

（三）思考题

1）辨认刀架中输入轴的蜗杆与升降梯形螺纹的旋向，分析转向与刀架动作的关系。

2）指出调整套与立轴之间的平键的作用。

3）数控车床电动刀架在转位过程中如发出的"嗒、嗒"的声音，试分析该声音是哪两个零件之间在换刀过程的哪个动作中发生的？

抬起式四方
电动刀架
拆装视频

四、数控车床主轴与液压夹紧装置装调

（一）实践教学所需的设施

数控车床主轴与液压夹紧装置，拆装通用工具和专用工具，主轴部件与液压夹紧装置装配图。

（二）实践教学步骤与要求

按数控车床主轴与液压夹紧装置装调工艺卡（表3-3）进行。

表 3-2　数控车床刀架装调工艺卡

（单位名称）		装调工艺过程卡片	部门	部件名称	数控车床四刀位拾起式刀架		共　页	第　页
工序号	工序名称	工序内容	部门	装配通用工具及装备 名称	装配专用工具	备注		
1	准备工作	分析拆卸工艺	拆装室（下同）					
2	外围部件拆卸	拆卸电动机连接法兰螺钉，取下电动机连接法兰与电动机		内六角扳手				
		拆卸顶罩		内六角扳手				
		拆卸磁铁固定架		螺钉旋具				
3	刀架上部拆卸	拆卸发信盘连接线，松开压紧螺母		螺钉旋具、圆销扳手				
		拆卸发信盘和套		内六角扳手				
		拆卸调整螺母及螺钉		内六角扳手				
		取出调整套及平键		铜棒				
		逆时针方向转动输入轴，上刀架上升，取下上刀架部件			专用手柄			
		取下转位驱动盘与柱销						
		翻转上刀架，分离上刀架上的零件						
4	刀架座拆卸	取出升降螺杆						
		拆卸立轴螺钉		内六角扳手				
		取出立轴部件		铜棒				

装调工艺过程卡片

工序号	工序名称	工序内容	装配通用工具及装备	装配专用工具	备注
	(单位名称)		部件名称 数控车床四刀位抬起式刀架	部门	共 页　第 页　（续）
5	输入轴部件拆卸	拆卸反靠定位盘	内六角扳手		
		分离立轴零件（蜗轮等）			
		拆卸端盖及螺钉	螺钉旋具		
		取出输入轴部件	铜棒		
		联轴器、轴承与轴分离	轴承顶拔器		
6	准备	清洗全部零件			
7	装配	装配过程与拆卸顺序相反	手动压力机		轴承安装和过盈配合采用手动压力机
8	调试	转动调整螺母到底,再反转约1/4圈,紧固调整螺钉,转动输入轴	内六角扳手		观察刀架全部动作及立轴向同轴
9	接线	接插电源线和信号线			
10	运行	起动机床CNC系统,刀架回转运转,试切削			观察刀架转位动作是否灵活正确
	结束	整理工具,清洁场地			

表3-3　数控车床主轴与液压夹紧装置装调工艺卡

装调工艺过程卡片				载体名称	数控车床主轴与液压夹紧装置	第　页　共　页
				部门	拆装室（下同）	

工序号	工序名称（单位名称）	工步名称	工步内容	装配通用工具及装备名称	装配专用工具	备注
1	准备工作	拆卸	分析拆卸工艺			
		拆卸液压缸油管		活扳手		
2		卡盘部件拆卸	拆卸卡爪及连接螺钉	内六角扳手		
			拆卸卡盘端盖及连接螺钉	十字螺钉旋具	专用拆卸扳手	
			松开拉杆与接头的连接	内六角扳手		
			拆卸卡盘连接螺钉，卸下卡盘部件	内六角扳手		
			拆卸卡盘与主轴的连接法兰			
			分离滑块与滑座	内六角扳手		
			拆开滑座与接头	内六角扳手		
3		液压缸部件拆卸	拆卸后连接法兰与缸盖螺钉	活扳手		
			向后抽出液压缸部件			
			拆卸拉杆	圆销式钩子扳手		
			拆卸液压缸部件连接法兰	内六角扳手		
			分离缸盖与缸体			
			抽出活塞，卸下密封圈与圆柱销	内六角扳手		
			拆卸回流盖及连接螺钉			
			拆下柱塞法兰及连接螺钉	内六角扳手		分配阀部件无须拆开
4	装配	液压缸部件装配	准备工作	零件摆放、轴承清洗	清洗装置	
			与拆卸顺序相反	工具与拆卸时相同		
		调试	连接油管			
			空载试运行夹紧、松开动作			
			根据工件直径调整安装卡爪	内六角扳手		
			带工件进行夹紧、松开操作			
			转动减压阀旋钮，调整压力在0.5～1MPa，分别进行夹、紧松开操作			
5	结束		关闭液压控制开关，关闭控制电气箱，切断电源			

（三）思考题

1）液压主轴在工作时哪些零件是随主轴一起旋转的？哪些零件是与箱体一起固定的？

2）液压缸部位有三根油管，除了进油管和回油管以外，还有一根油管起什么作用？

3）图3-43所示的液压卡盘中的三个滑块是怎么同时装入滑座与卡盘里的？

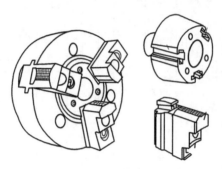

图 3-43　液压卡盘

习　题

1. 在图 3-21 所示的立式四方抬起式电动刀架结构中，设梯形螺杆为右旋单线，导程为 10mm；蜗轮与蜗杆模数为 1.5mm，右旋，蜗轮齿数为 58，蜗杆单头。试分析计算：

（1）电动机正转的转向（从电动机输出端观察）。

（2）设鼠牙盘齿部高度为 6mm，试计算齿部从啮合到完全脱开电动机轴要转过的最少圈数。

2. 画出图 3-13 和图 3-14 所示的 MJ-50 型和 HM-077 型两种数控车床的主轴滚动轴承配置示意图，并比较两者的特点和区别。

3. 为什么普通车床的进给用光杠传动，车螺纹单独用丝杠传动，而数控车床没有光杠只有丝杠，但仍然能完成车螺纹和进给运动？

4. 根据图 3-39 所示的 MJ-50 型数控车床液压系统原理图，设元件 6 的调整压力为 5MPa，元件 7 的调整压力为 10MPa，试填写电磁铁动作表（表3-4），其中得电填"+"号，失电填"－"号。

表 3-4　电磁铁动作表

电磁铁 动作	1YA	2YA	3YA
卡盘高压夹紧			
卡盘高压松开			
卡盘低压夹紧			
卡盘低压松开			

第四章

数控铣床（加工中心）机械结构与装调

 学习导引

　　铣床的加工范围非常广泛，几乎所有表面都能够用铣床加工，所以铣床也是制造业应用最广泛的金属切削机床之一。由于数控铣床比数控车床至少多一个坐标轴，故其学习难度比数控车床高。

 学习目标

　　通过学习本章，学生应全面了解数控铣床和加工中心的整体性能与布局，了解机床附件的种类和功能，掌握数控铣床和加工中心各重要部件的传动结构与装调工艺。

 学习重点和难点

　　重点掌握典型数控铣床的主轴和进给装置的传动原理，拆卸、装配和调整工艺；难点是认识加工中心刀具自动交换装置的传动与结构。

第一节　数控铣床概述

一、从普通铣床到数控铣床

　　铣床主要用于加工平面、曲面和沟槽等表面。铣床的主运动为安装于主轴中的刀具转动，进给运动主要为工作台的纵向、横向和垂向移动（或主轴做垂向移动）。早期与近代的普通立式铣床如图 4-1 所示。比较可知，近代普通铣床主要增加了变速与机动进给等功能。近代普通铣床的传动原理结构如图 4-2 所示。

二、数控铣床的类型与组成

　　数控铣床有多种分类方法，从综合认知角度出发，根据数控铣床的档次和性能的高低、功能完备程度和应用广泛程度，可分为经济型、普及型和全功能型三大类数控铣床。

1. 经济型数控铣床

　　经济型数控铣床具有程序加工的基本功能，制造成本最低。为节约制造成本，只有进给传动装置实现数字控制，其他功能均与普通铣床相同。经济型数控铣床也可以在原来普通铣床的基础上进行技术改造，适合加工形状较简单、精度要求较低的工件。如图 4-3 所示，经济型数控铣床的主传动可以是机械滑移齿轮变速机构，操作手柄 2 用孔盘式操纵机构通过滑

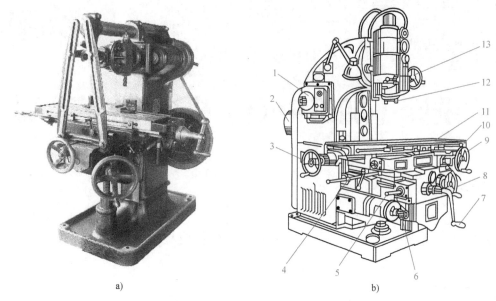

图 4-1　早期与近代的普通立式铣床

a）早期普通立式铣床　b）近代普通立式铣床

1—主传动变速操纵手柄　2—主电动机　3、9—纵向进给摇手柄　4—横向进给操纵手柄　5—纵、横向快速移动操纵手柄

6—进给机构变速操纵手柄　7—垂向移动摇手柄　8—横向进给摇手柄　10—纵向进给操作手柄

11—工作台　12—主轴　13—垂向进给操纵手柄

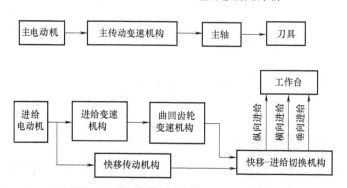

图 4-2　近代普通铣床的传动原理结构图

移齿轮机构变速。工作台的纵向 X、横向 Y 和垂向 Z 采用进给伺服电动机-滚珠丝杠副-导轨的传动机构实现 X-Y 轴联动或 X-Y-Z 轴联动。铣刀轴向位置用手轮调整后锁紧。由于 Z 轴移动需要驱动整个升降台 7 移动，切削精度受到垂向导轨间隙和切削刚度影响，所以经济型数控铣床主要以 X-Y 轴联动为主。

从图 4-4 所示的主轴结构简图中可以看出，螺杆 1 下端连接刀柄 3，另一端穿过主轴 4 中孔在上方用螺母 2 拉紧，结构简单、连接牢固可靠，但更换刀具非常不便。

2. 普及型数控铣床

普及型数控铣床（也称为主流型数控铣床）具有程序加工主要功能，机床性能达到中上水平，在中小企业中使用率较高，数量较大的中档数控铣床如图 4-5 所示，其传动系统如图 4-6 所示，普及型数控铣床的组成和传动系统特点是主运动和进给运动全部实现数控化设

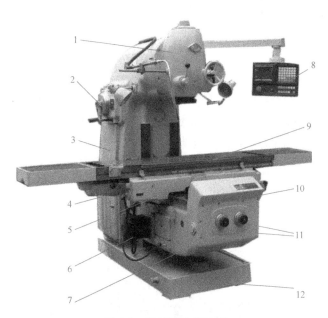

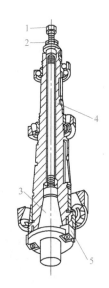

图 4-3　经济型数控铣床

1—主轴部件　2—操纵手柄　3—床身　4—X 轴进给电动机

5—床鞍　6—Z 轴进给电动机　7—升降台　8—操作面板

9—工作台　10—Y 轴进给电动机　11—手摇脉冲发生器　12—底座

图 4-4　主轴结构简图

1—螺杆　2—螺母　3—刀柄

4—主轴　5—端面键

计，主传动采用交流伺服电动机-同步带传动装置，进给装置采用可实现 2 轴半和 3 轴联动的半闭环交流伺服系统，其典型的结构特点为主轴除主运动外还具有 Z 轴进给功能。机床达到中高加工精度性能。刀具采用碟形弹簧组自动夹紧和气动-液压打刀缸机构松开，实现手动快速更换刀具。

随着数控机床制造技术的发展和企业对数控机床的要求提高，普及型数控铣床的配置和性能也在不断提升。

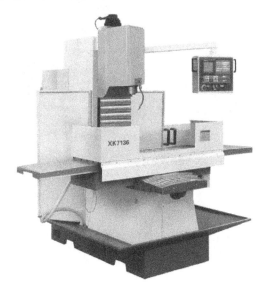

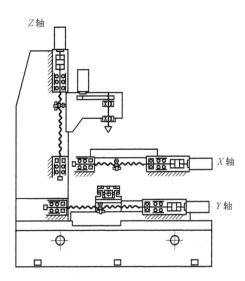

图 4-5　普及型中档数控铣床

图 4-6　普及型数控铣床的传动系统

3. 全功能型数控铣床（加工中心）

全功能数控铣床是在上述普及型数控铣床的基础上性能和档次全面提高的数控铣床。例如，图 4-7 所示的一种全功能型数控铣床，除了数控系统的性能显著提高以外，主传动增加了准停功能，主轴可采用水或压缩空气冷却。有些机床还增加了主轴的 C 轴功能。全功能型数控铣床的进给装置采用闭环或半闭环伺服系统。部分全功能型数控铣床结构上采用全立动式（又称为动柱式）布局，如图 4-8 所示，即工作台与床身固接，立柱可沿 X 和 Y 方向移动，虽然增加了机床制造难度，但是全立动式布局机床运动不受工件和工装质量大小的影响，机床动态性能和稳定性好，加工精度高。

图 4-7　全功能型数控铣床

图 4-8　全立动式布局数控铣床

若在此基础上配备刀具自动交换装置（又称为 ACT 装置），则能实现刀具的自动更换，这种铣床在我国称为加工中心。

全功能型数控铣床的工作台外围通常安装有封闭式防护罩，配备自动排屑装置。选配机内自动对刀仪、工件自动检测装置、数控分度头、数控回转工作台、摇篮式工作台等附件，能显著提高加工效率、精度和安全性。在配备自动上下料工业机器人后即形成柔性加工单元，该工业机器人是柔性制造系统的基本组成部分。

按数控铣床的部件布局可分为立式、卧式、龙门式和落地式等数控铣床。前文所述均为立式铣床，其主轴轴线垂直于地面。

主轴轴线平行于地面的数控铣床称为卧式数控铣床（图 4-9），适合于加工具有平行或相交、交叉孔系的箱体类工件或杆叉类工件，机床质量和占地面积较大。

将立式数控铣床单立柱改为用横梁连接的双立柱结构，称为龙门式数控铣床，主轴装置

图 4-9　卧式数控铣床

通常布置在横梁上。固定式龙门数控铣床如图 4-10 所示，移动式龙门数控铣床如图 4-11 所示，龙门式结构大幅度提高了机床刚度，固定式龙门铣床在工作台两侧还可以布置第二、第三个主轴箱，从而实现多面加工。

图 4-10　固定式龙门数控铣床

图 4-11　移动式龙门数控铣床

第二节　数控铣床主传动装置

数控铣床主传动装置的主要作用是装夹刀具，并以不同的主轴转速形成刀具上各点的切削速度，满足不同的工件加工要求。数控铣床主传动装置应具有以下几方面性能：

（1）调速范围大　较宽的调速范围可增加数控机床的加工适应性，便于选择合理的切削速度，使切削过程始终处于最佳状态。

（2）传递功率和转矩足够　能使数控加工实现低速时大转矩、高速时恒功率，以保证加工的高效率。

（3）较高的回转精度　主轴较高的回转精度可使主轴上安装的刀具获得较高的回转精度，从而保证工件表面的加工精度。

（4）噪声低，运动平稳　在高速切削或大切削用量工作条件下，保持平稳的运动和较小的噪声，使数控铣床工作环境良好。

数控铣床主传动装置通常由主电动机、主传动机构和主轴刀具装卸机构等组成。从主电动机到主轴的传动和连接与数控车床相似，即通常有带（同步带）传动、机械分段变速传动和电主轴三种形式，以带（同步带）传动形式为主。

一、数控铣床主轴结构

图 4-12 所示为同步带传动的数控铣床主轴单元，主轴单元与主轴箱的定位与接合表面为环形法兰端面，外圆柱面均布环形槽，外表面与主轴箱孔有较大的空隙，作为主轴单元冷却空间。后端部装有同步带轮，与主轴电动机用同步带连接。

1. 数控铣床主轴滚动轴承配置

铣削过程的特点为断续切削，故主轴主要承受变载荷，轴承的滚动体宜采用滚子形式。但是当铣床主轴安装小尺寸刀具时，为了达到合适的切削速度，需要较高的转速，而且与数控车床主轴安装工件相比，数控铣床主轴安装的刀具重量相对较轻，宜采用球轴承。为兼顾以上因素，数控铣床主轴通常采用滚子-球轴承组合的形式。

图 4-12　同步带传动的
数控铣床主轴单元

随着数控切削加工向高速化发展，数控铣床主轴轴承趋于多对角接触球轴承配置的形式。

图 4-13 所示为 XK5040 型数控铣床的主轴轴承配置示意图。该机床在主轴前端配置了一个双列短圆柱滚子轴承，以承受铣削主切削力产生的径向力；在靠后一侧配置了一个双列角接触球轴承，以承受铣削和主轴自身重力产生的双向轴向力；在主轴后端配置了一个深沟球轴承，以承受主轴在轴向平面内的弯矩。考虑到主轴的热变形和轴向平面内弯矩引起的主轴弯曲变形，为了避免多支承引起的干涉，影响主轴的转动灵活性，机床主轴的后端通常不宜配置多个轴承。

2. 数控铣床刀具在主轴中的装夹装置

数控铣床的刀具通常安装在刀柄上，刀柄与主轴的连接要求定位准确、连接牢固、装卸快捷方便。典型的刀柄组成如图 4-14 所示，刀柄通常由拉钉、锥部、环形槽、端面键槽和刀体连接处

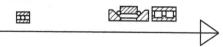

图 4-13　XK5040 型数控铣床的
主轴轴承配置示意图

等部位组成。刀柄锥部在主轴锥孔中定位，主轴通过拉钉拉紧刀柄使其与主轴紧固，V 形环槽则用于刀柄与刀库的安装和机械手的定位连接。

数控铣床主轴结构如图 4-15 所示。刀柄 16 利用锥度在主轴锥孔内定位，用端面键 1 传递转矩。刀具锥柄尾端螺孔装有拉钉 15，拉杆 12 在一组被压紧的碟形弹簧弹力的作用下通过拉爪 14 向上拉紧拉钉 15 与刀柄 16。碟形弹簧能以很小的压缩量产生数万牛顿弹力，故能保证刀柄在主轴内实现快速、可靠的夹紧与松开，且具有所需空间小、组合使用方便、维修更换较容易、使用安全可靠等特点。

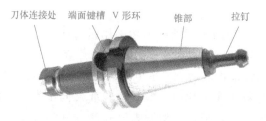

刀体连接处　端面键槽　V 形环　　锥部　　拉钉

图 4-14　典型的刀柄组成

数控铣床主轴刀柄拉紧机构

与拉钉连接的拉爪如图 4-15 中的件 14 所示，四块相同形状的拉爪用圈簧（将小直径密圈拉簧弯成圈）组合在一起。当拉杆 12 上移时，拉爪 14 利用外锥表面和主轴内孔直径的减小拉紧刀柄上的拉钉，反之则松开拉钉。

较早期的数控铣床多采用图 4-16 所示钢球式拉紧机构。拉杆 1 的头部沿圆周等分有一组孔，每个孔内装有钢球 2。当拉杆 1 向上拉紧时，较小直径 d_2 的主轴内孔的孔壁将钢球 2 锁在拉钉的颈部，使拉钉 3 向上拉紧，当拉杆 1 向下移动带动钢球 2 进入较大直径 d_1 的内孔时，钢球 2 向外离开拉钉的颈部，此时刀柄 4 可以从主轴内锥孔向下取出。由于装钢球 2 的孔端部留有略小于钢球直径的锥形台阶，故在无刀具（拉钉）时钢球不会向内掉出。钢球式夹紧机构的工艺性好，制造成本低，但由于球体与孔壁间为点接触，应力集中程度高，长期使用易造成主轴内孔孔壁凹陷磨损，引起夹紧失效等故障，在近年制造的数控铣床中已经很少采用。

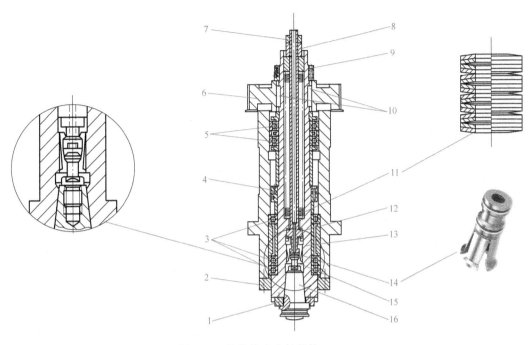

图 4-15　数控铣床主轴结构

1—端面键　2—端盖　3、5—滚动轴承　4—锁紧螺母　6—同步带轮　7、8、9—锁紧螺母　10—平键
11—碟形弹簧组　12—拉杆　13—主轴　14—拉爪　15—拉钉　16—刀柄

3. 数控铣床刀柄的类型

刀柄的作用是连接机床主轴与刀具，根据柄部形式可分为三大类：

（1）锥度为 7∶24 的短圆锥刀柄系统　包括 GB/T 10944—2013、ISO7388-A（国际标准），DIN69871-A（德国标准）、MAS403BT（日本标准，简称 BT）。7∶24 短圆锥刀柄系统在数控铣床和加工中心中占有率达 80%，其中以 BT 类最常用，常用的规格有 BT30、BT40、BT50 等。图 4-17 所示为 BT 类刀柄性能分析。BT 类短圆柱刀柄具有结构简单、加工精度易保证等优点，广泛应用于普通数控铣床和加工中心上，为了使刀柄的锥度、直径与端面的加工误差互不干涉，BT 类刀柄在与主轴端面之间留出约 1.5mm 左右的间隙（称为单定位），这就使得刀柄的安装精度和刚度受到影响。在高速切削（如主轴转速达 10000r/min）时，其单定位刚度差、实心结构转动惯量大等缺点就明显化，影响了加工精度和切削效率。

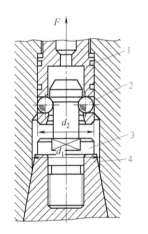

图 4-16　钢球式拉紧机构

1—拉杆　2—钢球
3—拉钉　4—刀柄

（2）锥度为 1∶10 的空心短圆锥刀柄系统　此类刀柄系统简称为 HSK 刀柄。该刀柄系统的特点是采用了空心短圆锥结构，锥度也比 BT 类刀柄略小。HSK 刀柄的定位精度高、重量轻、尺寸小、结构紧凑、不需要拉钉。因为与主轴锥孔连接采用过定位，所以连接刚度高（为 7∶24 短圆锥实心刀柄的几倍至几十倍），传递转矩大，适合高速加工。由于空心结构

的转动惯量小，且在离心力的作用下刀柄能够膨胀，克服了实心刀柄在高速加工时与主轴锥孔产生间隙而接触不良的现象。图 4-18 所示为 HSK 刀柄的外形及与主轴的过定位连接。

由图 4-19 所示的 HSK 刀柄与主轴连接的结构与工作原理可知，夹紧前主轴内孔处的夹爪端部外径小于刀柄内孔直径；夹紧后倒锥形的拉杆端部随拉杆向左移动时将拉爪径向向外扩张，通过拉爪与刀柄内孔的锥面将刀柄向左拉紧。

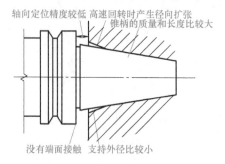

图 4-17　BT 类刀柄性能分析

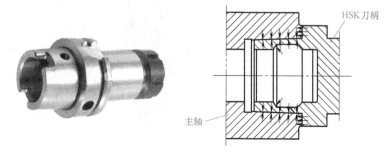

图 4-18　HSK 刀柄的外形及与主轴的过定位连接

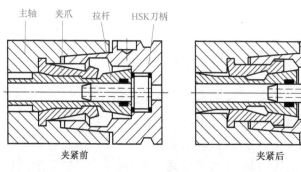

夹紧前　　　　　　　　　　　夹紧后

图 4-19　HSK 刀柄与主轴连接的结构与工作原理

HSK 刀柄装卸过程

（3）锥度为 1∶20 的 CAPTO 刀柄系统　如图 4-20a 所示，这种刀柄是瑞典 SANDVIK COROMANT 公司产品，与以上几种锥柄不同的是，CAPTO 刀柄系统锥柄和机床主轴内孔不是圆锥，而是空心短圆锥结构的三棱锥，其棱锥表面为圆弧锥面，可实现滑动转矩传递，故不再需要传动键，消除了因传动键和键槽引起的动平衡问题。该结构具有应力分布合理、定心精度高、传递转矩大、换刀速度快等特点，适合高速、大转矩加工。由于 CAPTO 刀柄系统的三棱锥孔加工困难、制造成本高，目前在车削中心上应用较多。图 4-20b 所示为 CAPTO 刀柄的安装简图，当将其安装在 CAPTO 锥孔的刀架上时，只需要 30s 即可实现定位和拉紧安装。

二、数控铣床主轴松刀气动装置

数控铣床主轴上刀具的松开通常需要一个称为打刀缸的部件，打刀缸位于主轴后端的轴向位置上，其外形如图 4-21a 所示。打刀缸通常使用压力较低的压缩空气作为输入端，通过气-液增加器在输出端产生高达数万牛顿的推力 F，该推力足以进一步压缩主轴内已经压紧的碟形弹簧组，从而推动拉杆移动，松开刀柄拉钉处的拉爪。图 4-21b 所示为打刀缸的气-液增压原理。

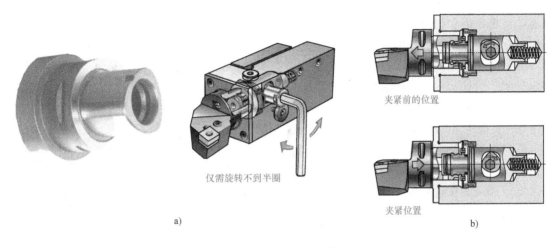

仅需旋转不到半圈

a)

夹紧前的位置

夹紧位置

b)

图 4-20 CAPTO 刀柄及其安装

设 p_2 为压缩空气的压力，p_1 为液压缸液压油的压力，A_2 为气缸活塞面积，A_2' 为活塞杆面积，A_1 为液压缸面积，根据帕斯卡原理可得下方液压缸输出端产生的推力 F_1 为

$$F_1 = \frac{A_1 A_2}{A_2'} p_2$$

设气缸活塞在产生推力过程中下移距离为 h，则液压缸内油液将减少 hA_2'，按受压缩液体体积不变的假设，设液压缸输出端下移的距离为 h_1，则有

$$h_1 = hA_2'/A_1$$

即输出端的位移 h_1 只有输入端的 A_2'/A_1，达到了主轴快速、强力松刀的要求。

打刀缸在推动拉杆移动的同时有压缩空气向主轴拉杆中的通孔吹出，使刀柄锥部与主轴锥孔在松刀后易于脱离，并在刀具装入时避免切屑和杂质混入圆锥结合位置。

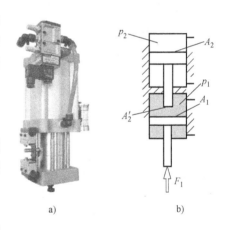

a)   b)

图 4-21 打刀缸

a）外形 b）气-液增压原理

如果数控铣床或加工中心配备有压力油供应装置（液压泵供油），则可省去气缸部分，采用液压打刀缸，其结构较简单、紧凑。

第三节 数控铣床进给装置

数控机床进给运动系统，尤其是轮廓控制的进给运动系统，必须对进给运动的位置和速度两个方面同时实现数字程序控制。与普通机床相比，要求其进给系统有较高的定位精度和良好的动态响应特性。数控机床完整的进给系统通常由位置比较放大单元、驱动单元、机械传动装置及检测反馈元件等几部分组成。其中机械传动装置是指将驱动源的旋转运动变为工作台直线运动的整个机械传动链，包括减速装置、转动变移动的丝杠螺母副及导向装置等。

为确保数控机床进给系统的传动精度、灵敏度和工作的稳定性，对进给系统中的机械装置总体要求是消除间隙、减小摩擦、减小运动惯量、提高传动精度和刚度。此外，进给系统的负载变化较大，响应特性要求很高，故对其刚度、惯量匹配等都有很高的要求。

为了满足上述要求，数控机床一般采用低摩擦的传动副，如减摩滑动导轨、滚动导轨及静压导轨、滚珠丝杠等；保证传动元件的加工精度，采用合理的预紧和合理的支承形式，以提高传动系统的刚度；选用最佳降速比，以提高机床的分辨率，并使系统折算到驱动轴上的惯量减小；尽量消除传动间隙，减小反向死区误差，提高位移精度等。

不同类型和档次的数控铣床，其进给装置配置有所不同。典型的数控铣床的进给装置类似数控车床，通常也是以半闭环进给伺服系统为主，由进给伺服电动机、滚珠丝杠副、导轨（滚动或贴塑滑动）等组件组成。

1. *X-Y* 水平进给装置

图 4-22 所示为典型数控铣床 *Y* 轴进给装置的组成。底座 8 的上表面安装两条平行的滚动导轨 7 与 10，1 和 4 为立柱安装面。两导轨中央为 *Y* 进给轴传动装置，伺服电动机与滚珠丝杠的一端在连接箱 3 内用挠性联轴器连接。*Y* 轴进给装置上方的鞍座与滚动导轨副的活动块和滚珠丝杠螺母连接，当进给电动机转动时即可通过丝杠带动螺母使鞍座沿导轨移动。

图 4-23 所示为 *X-Y* 轴进给装置结构简图。*X* 进给轴的组成与 *Y* 轴基本相同，进给伺服电动机轴采用无隙锥套与挠性联轴器 2（此为十字滑块式联轴器）连接，螺母座 10 与工作台 8 连接，进给伺服电动机法兰（见局部放大图 I）与连接箱连接，后者安装在鞍座 9 上，鞍座 9 与机床底座 13 用滑动贴塑导轨连接，贴塑材料聚四氟乙烯带粘贴在活动导轨面即鞍座 9 上。所以说鞍座 9 起到了承上启下的作用，为工作台提供 *X-Y* 相互垂直的铣床进给运动。

图 4-24 所示为 *X-Y* 轴进给装置沿垂直于 *X* 方向的剖视图，工作台顶面开有若干条与 *X* 轴平行的 T 形槽，可作为在工作台上安装工装的定位基准，在 T 形槽内装入 T 形头螺钉后可作为工装的夹紧连接部位。工作台下方为 *X* 轴活动导轨面和螺母座的安装平面。

上述底座、鞍座和工作台均采用抗压强度较好的铸铁材料，铸铁具有较好的铸造工艺性、吸振和耐磨性。

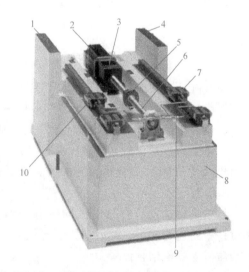

数控铣床进给运行视频

图 4-22 典型数控铣床 *Y* 轴进给装置的组成

1、4—立柱安装面 2—进给伺服电动机 3—连接箱
5—滚珠丝杠螺母 6—滚珠丝杠 7、10—滚动导轨
8—底座 9—润滑装置

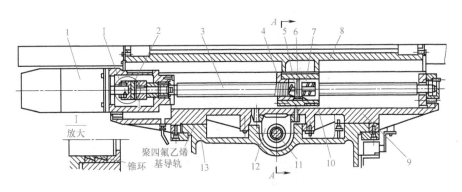

图 4-23　*X-Y* 轴进给装置结构简图

1—进给伺服电动机　2—挠性联轴器　3、11—滚珠丝杠　4、7—滚珠丝杠螺母　5—平键
6—调整垫片　8—工作台　9—鞍座　10、12—螺母座　13—机床底座

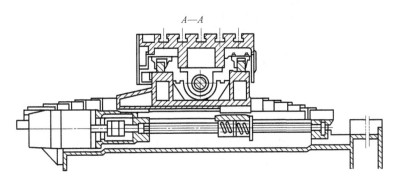

图 4-24　*X-Y* 轴进给装置沿垂直于 *X* 方向的剖视图

2. *Z* 轴垂向进给装置

立式布局的普及型和全功能型数控铣床的主轴都能进行垂向进给，其进给装置和 *X-Y* 轴进给装置差别不大。这里介绍另一种垂向进给装置，即小型数控铣床进给行程较短的一种垂向进给装置，如图 4-25 所示。进给伺服电动机 16 的输出轴上安装了同步带轮 15，通过同步带 14 将动力传输给装在滚珠丝杠 17 的轴端上的同步带轮 13，滚珠丝杠 17 的转动转变成丝杠螺母 7 的移动，丝杠螺母 7 与主轴套筒 6 用连接杆 10 相连接，从而带动主轴套筒移动，完成主轴的 *Z* 向进给运动。安装在滚珠丝杠轴端的脉冲编码器 12 为进给的位置反馈元件。

该垂向进给装置的滚珠丝杠采用了一端固定、另一端无支承的轴承配置形式，结构简单，不会因为加工误差使得主轴与丝杠产生干涉现象。与典型进给装置不同的是，该装置用套筒结构代替了 *Z* 向导轨，刚度和导向精度不如平行导轨。此外，该主轴装置采用端面压紧式快换夹头更换刀具，省去了夹刀弹簧组和顶开装置，但换刀速度和刀具夹紧力远不如前述的拉杆式夹紧方式。

3. 垂向进给装置的配重机构

在垂向进给装置中，为了减轻导轨上活动部件的重力引起进给电动机和丝杠的额外负载，防止滚珠丝杠不能自锁引起意外转动，对于中型及以上机床的垂直进给装置，通常采用配重机构，常用的有机械配重、弹性配重和液-气配重等。

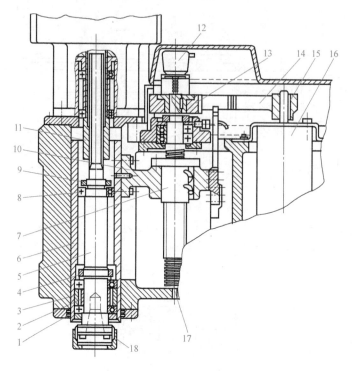

图 4-25　小型数控铣床 Z 轴进给装置结构

1—角接触球轴承　2、3—轴承隔套　4、9—圆螺母　5—主轴　6—主轴套筒　7—丝杠螺母
8—深沟球轴承　10—连接杆　11—内花键　12—脉冲编码器　13、15—同步带轮
14—同步带　16—进给伺服电动机　17—滚珠丝杠　18—快换夹头

第四节　加工中心自动换刀装置

对于加工工序高度集中的工件，每加工一个工件需要多次更换刀具。实现刀具自动交换功能（简称自动换刀）可大幅度提高数控机床加工效率，减轻操作者的劳动强度。自动换刀功能也是数控机床作为数控柔性系统中的机床单元所必须具备的条件。

数控机床刀具自动交换过程包括刀库储存刀具、刀具识别、刀库刀具与主轴刀具交换三个步骤。以下分别介绍与这三个步骤有关的机械装置。

一、刀库

刀库是存取刀具的装置，刀库的主要性能要求包括刀具储存数量（即刀库容量）、存取刀具的速度、刀库整体体积对机床整体尺寸与工作台行程的影响、刀库结构复杂程度等。常用的刀库类型有排式、斗笠式、圆盘式和链式等。

1. 排式刀库

排式刀库如图 4-26 所示，刀座的卡环卡住刀柄的 V 形环，防止刀具意外脱落。机床主轴或刀库需做往复移动找到存取刀具的位置。这种刀库结构及控制简单，但刀库容量较小，刀具通常为 6~8 把。由于刀库往复移动较费时间，所以换刀时间较长，只能在小型加工中心上使用。

2. 斗笠式刀库

斗笠式刀库如图 4-27 所示，因整体形如斗笠而得名。其中图 4-27a 所示为落地斗笠式刀库，在换刀过程中，刀库做回转运动，主轴和刀库做 X 方向的相对移动实现选刀和刀具存取。刀库结构和传动较简单，但刀库的安装位置占用了工作台 X 方向行程的一部分，且使机床的外形尺寸增加幅度较大。

图 4-26 排式刀库

图 4-27b 所示为悬挂斗笠式刀库，刀库安装在机床立柱的侧面，刀库除能转动外还能单独做 X 方向的移动，这种安装方式虽然结构和传动较复杂，但由于机床工作台可在刀库下方运行，刀库的存在不影响机床 X 方向的行程，总体外形尺寸影响小，所以比落地斗笠式刀库应用更广泛。但其刀库容量受到刀库体积、质量、安装难度等因素的限制。斗笠式刀库容量通常为 12～24 把。

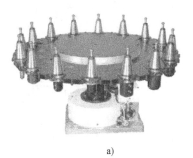 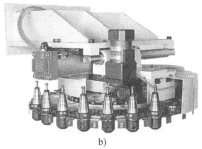

a)   b)   c)

图 4-27 斗笠式刀库

a）落地斗笠式刀库 b）悬挂斗笠式刀库 c）刀座卡环局部放大图

图 4-27c 所示为斗笠式刀库的刀座卡环局部放大图，用一对弹性卡环卡住刀具的 V 形环处，防止刀具意外脱落。斗笠式刀库也有采用圆孔方式安装刀具的。

3. 圆盘式刀库

圆盘式刀库采用刀套安装刀具，刀套呈环状排列，其锥孔与刀具的刀柄锥度一致。圆盘式刀库的构造如图 4-28 所示，具有以下特点：

（1）刀库容量大 由于刀库安装于机床的立侧面，刀库直径的增大对机床整机体积影响不明显，对工作台行程无影响，所以圆盘式刀库刀具数量可多达 48 把。

（2）结构和动作复杂 刀库的转动由步进电动机带动分度机构实现，分度机构为一凸轮分割机构（图 4-29），由主动件凸轮的螺旋面带动滚子转动实现空间垂直交错分度式传动。由于立式加工中心的主轴轴线与圆盘式刀库中的刀具轴线相互垂直，这种刀库在存取刀具之前，需先将要交换的刀具所在的刀套向下转 90°（倒刀），使其轴线与机床主轴轴线平行，此动作通常由气缸-滑块-铰链机构完成（也可由摆动式液压缸或气缸实现）。图 4-30 所示的刀套弹簧锁刀结构将刀柄弹性紧固，防止刀柄从刀套中脱落。

4. 链式刀库

如图 4-31 所示，链式刀库利用链传动构件可折转的特点，使刀具在刀库中的排列从环状变成平行线状，链式刀库的容量突破了圆盘式刀库直径的限制，通常为 32～100 把，为各

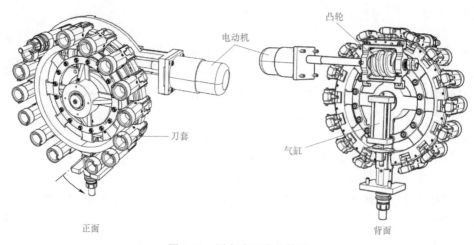

正面   背面

图 4-28　圆盘式刀库的构造

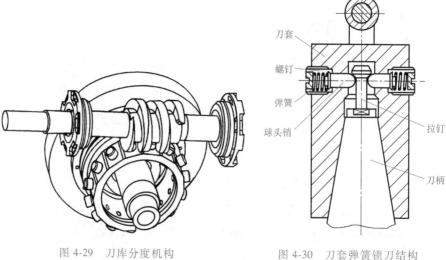

刀库的凸轮分度
机构运行视频

图 4-29　刀库分度机构

图 4-30　刀套弹簧锁刀结构

链式刀库运行视频

图 4-31　链式刀库

类刀库的刀具容量之最。链式刀库中刀具被安装在各个铰链处的刀套中。根据布局的不同，链式刀库可分为单环式、多环式和迂回式等，如图 4-32 所示。

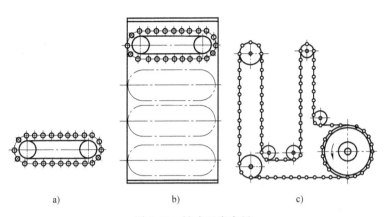

图 4-32 链式刀库布局

a）单环式 b）多环式 c）迂回式

由于链传动的特点以及刀库容量较大的原因，链式刀库也存在着传动速度较慢、定位精度低和刀具安装机构刚度不足等缺点。但对于大容量的刀库和尺寸较大的刀具而言，链式刀库目前是唯一的选择形式。

其他类型的刀库还有箱式刀库、锥体式刀库、多环式刀库等，应用都比较少。

值得指出的是，刀库容量并非越大越好，过大的容量会提高刀库结构复杂程度，增加刀库的尺寸和占地面积，增加刀库选刀时间，降低刀库的利用率，造成很大浪费。

刀库的容量首先要考虑加工工艺的需要。根据以钻、铣为主的立式加工中心所需刀具数的统计绘制的图 4-33 所示曲线表明，用 10 把孔加工刀具即可完成 70% 的钻削工艺，用 4 把铣刀即可完成 90% 的铣削工艺。据此可知，只需 14 把刀具就可以完成 70% 以上的钻铣加工。据统计，超过 80% 的工件完成全部加工过程只需 40 把刀具就够了。因此从使用角度出发，刀库的容量一般取为 10~40 把刀。

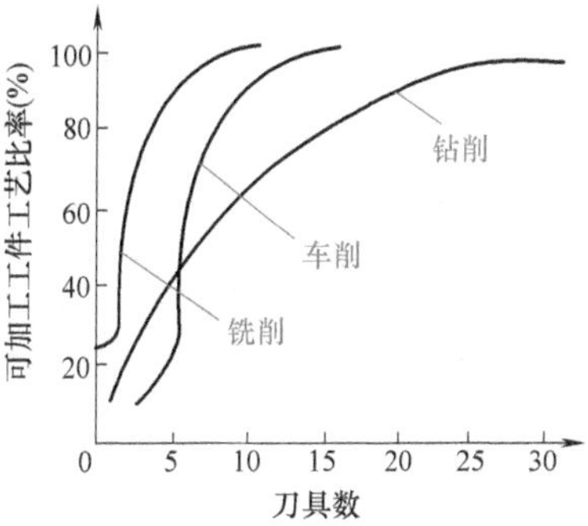

图 4-33 立式加工中心刀具数与
可完成的工艺比率关系

二、换刀方式

根据换刀指令要求，已经安装在主轴上的刀具（可称为旧刀）与刀库里的待更换的刀具（可称为新刀）直接进行交换的方式称为主轴换刀或直接换刀，通过换刀机械手装置进行交换的方法称为机械手换刀。

不同的换刀方式和不同类型的刀库，它们的换刀动作都不相同。

（一）主轴换刀

主轴换刀要求主轴和刀库采用刀具上不同的安装表面，使刀具能直接放入刀库。刀具在主轴中的安装面为刀柄的锥部，对于排式和斗笠式刀库而言，刀具的安装面为刀柄的 V 形环，所以排式刀库和斗笠式刀库适用于主轴换刀方式。

主轴换刀方式的特点是：换刀过程动作多、换刀时间长（通常需要 3s 以上的换刀时间），但结构简单、换刀装置故障率较低。除了悬挂斗笠式刀库需要一套往复移动装置以外，不需要其他专门的换刀机构，故制造成本比较低。

1. 落地斗笠式刀库的主轴换刀

图 4-34 所示为落地斗笠式刀库主轴换刀示意图。设换刀指令要求安装在主轴上的立铣刀（旧刀）与刀库中的面铣刀（新刀）交换，则换刀动作如下：

1）主轴移动到换刀起始高度。

2）工作台连同刀库向右移动。

3）主轴下移到刀座，打刀缸顶出，主轴内部松开刀具，旧刀放回刀库。

4）主轴上升到换刀起始位置。

5）刀库转动寻找新刀具，找到后刀库停止转动。

6）主轴下移到刀座，主轴内装好新刀具，打刀缸松开，新刀具拉紧。

7）主轴上升到换刀起始位置。

8）刀库连同工作台左移离开换刀位置，换刀结束。

这种换刀方式的缺点是减小了工作台 X 轴的有效加工行程，加大了 X 轴的驱动力，刀库的布局使机床的纵向尺寸较大。

2. 悬挂斗笠式刀库的主轴换刀

图 4-35 所示为悬挂斗笠式刀库主轴换刀示意图，这种刀库除了可以做正反转动以外，还可在气压驱动下单独做快速往复移动，解决了落地斗笠式刀库对 X 轴行程的占用问题，机床总体布局外形尺寸合理，但由于刀库为悬挂式布局，若刀库容量过大，则不利于刀库运行的稳定性。

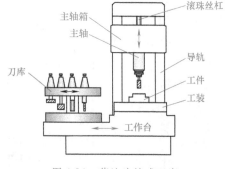
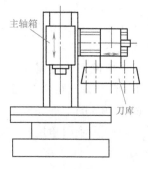

落地斗笠式刀库运行视频　　图 4-34　落地斗笠式刀库主轴换刀示意图　　图 4-35　悬挂斗笠式刀库主轴换刀示意图　　悬挂斗笠式刀库运行视频

图 4-36 所示为悬挂斗笠式刀库换刀过程，其换刀动作分解如下：

图 4-36a：换刀开始，主轴从加工位置快移到换刀位，刀库转至旧刀安装位置。

图 4-36b：旧刀放回刀库，刀库向左移动，旧刀环形槽卡入刀库的空卡环。

图 4-36c：主轴上升，主轴内松刀机构先压紧碟形弹簧，拉爪松开刀柄尾端的拉钉，主轴上升后，将旧刀留在刀库里。

图 4-36d：刀库转位，根据换刀指令设定的新刀具的刀号，转动刀库使新刀到达换刀位置。

图 4-36e：主轴下降，将新刀具装入主轴锥孔内，主轴内夹刀机构夹紧刀具。

图 4-36f：刀库离开，刀库向右移动返回原位置。

换刀结束，主轴根据加工指令快速移动到新的加工起点。

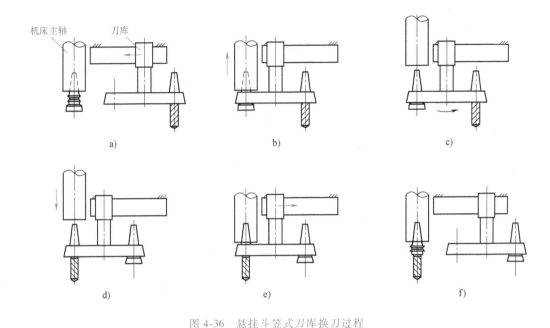

a)　　　　　　　　　　b)　　　　　　　　　　c)

d)　　　　　　　　　　e)　　　　　　　　　　f)

图 4-36　悬挂斗笠式刀库换刀过程

3. 斜盘式刀库的主轴换刀

另有一种斜盘式（又称夹臂式）刀库及对应的主轴换刀方式，如图 4-37 所示。刀库呈圆锥台状，安装在机床的正前上方的支架 1 上，可以按导板槽的位置通过槽内滚子 3 的作用绕铰链 5 摆动 20°。刀具安装在刀夹 6 中，刀库的回转装置安装在驱动箱 7 里面。刀库的换刀刀位在主轴轴线下延长线位置，其余均为倾斜位置。斜盘式刀库主轴换刀过程如图 4-38 所示。

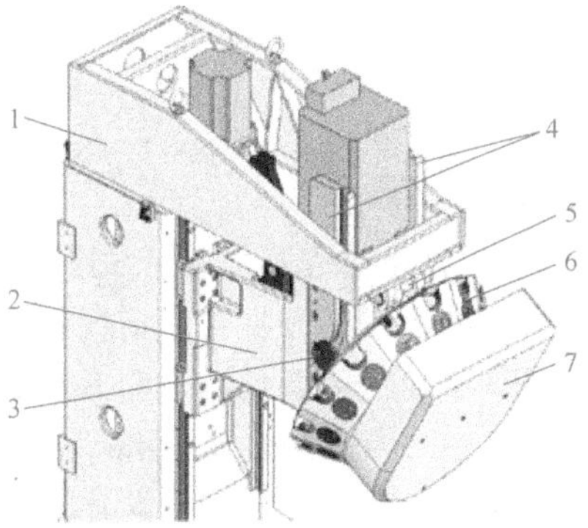

图 4-38a：换刀前的初始位置，主轴上升到换刀位，主轴孔内旧刀放回刀盘空刀夹中。

图 4-38b：换刀开始，刀库根据换刀指令回转，使新刀转到换刀位，刀具轴线与主轴轴线共线。

图 4-38c：主轴下移装刀，滚子到达曲线拐点。

图 4-37　斜盘式刀库

1—支架　2—主轴箱　3—滚子　4—导板
5—铰链　6—刀夹　7—驱动箱

图 4-38d：主轴继续下移，滚子沿导板槽曲线运动，刀盘绕上方的铰链转动，刀夹和刀盘一起脱离主轴，换刀结束。

斜盘式刀库在换刀过程中主轴和刀具到达换刀位的动作是同时完成的，而且不需要刀库或主轴做横向相对运动，所以换刀时间是各种主轴换刀方式中最短的，刀库相邻刀具最快换刀时间（刀对刀）可达 0.3s。

斜盘式刀库中各刀具与地面的夹角随刀库转动而变化，影响了刀具安装的稳固性，质量或体积较大的刀具容易发生脱落事故，而且刀库的安装位置影响机床的美观，因此斜盘式刀库仅适用于进给行程较短的机床，如钻攻加工中心。

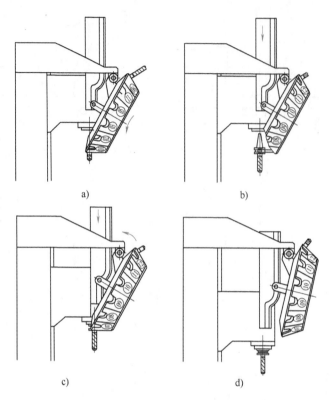

a)　　　　　　　　b)

斜盘式刀库运行视频

c)　　　　　　　　d)

图 4-38　斜盘式刀库主轴换刀过程

4. 主轴换刀的刀具识别方法

刀具识别是指根据换刀指令中指定的刀具在刀库中找到相应的刀具，主轴换刀方式下的刀具识别方法有刀具编码法和刀座编码法。

（1）刀具编码法　刀具编码法就是在各刀具上进行能够被系统识别的标识，目前常用的是在各刀柄表面粘贴识别芯片（图 4-39），从而供刀具识别读写器进行编号和识别。在换刀过程中刀具逐个经过识别器，通过从其芯片上读取的编号信息，即可判断该刀具是否为换刀指令中的新刀具。

（2）刀座编码法　刀座编码法对刀库中每个刀座进行编码，换刀前需将刀具放到与刀号一致的刀座中，换刀时刀库旋转使各个刀座依次经过识别器，直至找到指定刀号的刀座即停止旋转。这种编码方式在自动换刀过程中必须将用过的刀具放回原来的刀座中才能识别新刀具，即增加了换刀动作，减慢了换刀速度，而且如果刀具因刃磨等原因放回原处

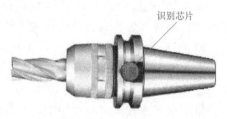

识别芯片

图 4-39　刀具编码法

时搞错刀座位置，将在下一次换刀时造成撞刀事故，所以目前应用很少。

（二）机械手换刀

机械手换刀方式是指在刀库和主轴之间，采用专用的换刀部件——机械手作为动作的中介来传递、更换刀具，机械手能起到简化换刀动作、缩短换刀时间的作用。

1. 臂式机械手换刀过程

臂式机械手握刀后刀具轴线与机械臂回转轴线平行。图 4-40 所示为立式加工中心的机械手换刀过程，共有 8 个动作，每个动作简图的上方为主视图，下方为仰视图，换刀过程简述如下：

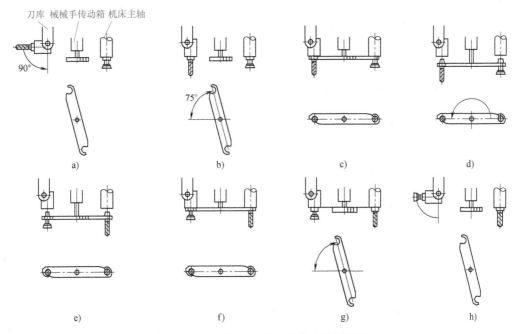

图 4-40　立式加工中心的机械手换刀过程

图 4-40a：刀库转位，刀具识别后，刀库将新刀所在的刀套转位到换刀位置。

图 4-40b：倒刀，新刀与刀套一起由水平位置转到垂直位置，与机床主轴保持平行。

图 4-40c：握刀，机械手臂逆时针方向转过 75°，机械臂手腕分别握住新刀和主轴上的旧刀。

图 4-40d：拔刀，主轴打刀缸顶开碟形弹簧组，松开旧刀；机械手臂下移的同时将新刀和旧刀拔出。

图 4-40e：换刀，机械手臂逆时针方向转 180°，将新、旧刀具交换位置。

图 4-40f：装刀，机械手臂上移，同时将新、旧刀具装入主轴孔和刀库的刀套孔内，打刀缸退回，新刀被夹紧。

图 4-40g：复位，机械臂顺时针方向转 75°复位。

图 4-40h：回刀，刀套复位，由垂直位置回转到水平位置，刀库转动继续寻找下一把要更换的刀具。

2. 臂式机械手传动箱

在换刀过程中装有机械手的传动箱起到传动关键作用。图 4-41 所示为凸轮式机械手传动箱，传动箱的上方为输入端，下方为输出端机械臂，机械臂要完成伸缩移动、正反转动等一系列复杂动作。整个传动箱安装在加工中心的侧面，输出端与机床主轴保持平行。

图 4-41　凸轮式机械手传动箱

图 4-42 所示为拆去箱体后的传动箱结构，输入电动机为步进电动机，通过安装在输入轴端的小锥齿轮，将电动机转动传递给图 4-43 所示的大锥齿轮，大锥齿轮背部为槽凸轮，槽内嵌有槽凸轮从动件滚子，从动件另一端的滚子嵌在输出轴上的环槽内，当槽凸轮转动时，输出轴在槽凸轮从动件的作用下做上下移动，实现机械臂的拔刀和装刀。

与大锥齿轮安装在同一轴上的图 4-44 所示的弧形凸轮，在弧形槽与滚子的作用下，使输出轴做正转、反转或不转动，实现了机械手的握刀（正转）、刀具交换（正转）与复位（反转）等动作，并保证机械手在上下移动时圆周方向的锁定（不转）。输出轴与弧形凸轮从动件为滑动花键连接，使弧形凸轮从动件（滚子）只做转动而不做轴向移动。

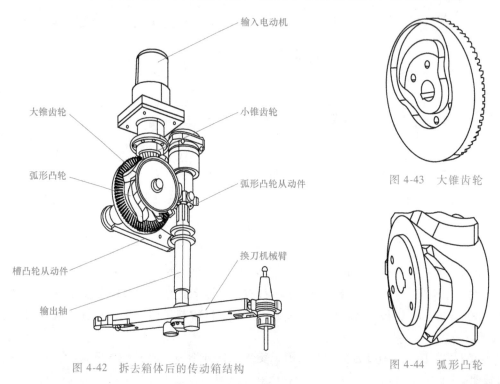

图 4-42　拆去箱体后的传动箱结构

图 4-43　大锥齿轮

图 4-44　弧形凸轮

图 4-45 所示为凸轮式机械手传动箱的装配简图。步进电动机 1 的轴与小锥齿轮 2 用平键连接，弧形凸轮 6 与槽凸轮 9 同装在凸轮轴 7 上，用螺钉连接，弧形凸轮从动件 5 内部加工有内花键，与输出轴 3 上的外花键啮合，使弧形凸轮从动件 5 不会随输出轴 3 移动。

由于凸轮式传动装置动作准确可靠、故障率低、换刀时间短（1~4s），所以在立式加工中心上广泛使用。

换刀机械手的动作也可以由一个垂直液压缸和一个回转液压缸实现，但由于液压传动的可靠性和传动速度不如机械传动，所以仅在凸轮式传动装置出现前使用，目前已很少应用，这里不再详述。

3. 臂式机械手结构

传动箱输出轴端装有臂式机械手，其结构如图 4-46 所示。机械臂 14 与传动箱输出轴 1采用无隙锥套连接，便于在传动箱与机床总装后能精确调整机械手臂的圆周和轴向位置。机械臂两端各装有抓手 13，抓手半圆形的腕部上装有限位块 12，以便确定刀柄的圆周位置，使刀柄装入主轴内孔时能对准主轴端面键。

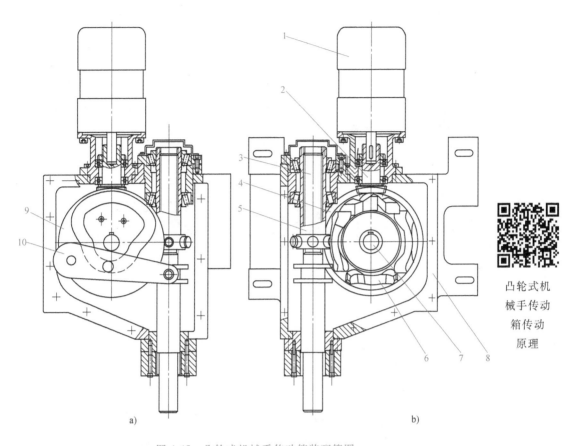

图 4-45　凸轮式机械手传动箱装配简图

a）传动箱内部正面结构简图　b）传动箱的背面结构简图

1—步进电动机　2—小锥齿轮　3—输出轴　4—大锥齿轮　5—弧形凸轮从动件

6—弧形凸轮　7—凸轮轴　8—箱体　9—槽凸轮　10—摇杆

凸轮式机械手传动箱传动原理

由于在换刀过程中要求抓手的腕部牢固地握紧刀具，机械臂装有刀具锁紧装置，其工作原理是，当机械臂处于上方时，锥套 2 的顶部被传动箱下侧端面（图中未画出）压紧下移，使刀柄 3 的 V 形环槽能推开锁紧杆 11 进入抓手的腕部，或在换刀结束后机械臂复位使腕部和刀柄脱离；当机械臂处于下方时，锥套在弹簧 6 的作用下上移，推动锁紧杆向右移动顶住刀柄，使刀具在换刀动作进行时不会脱落。当抓手中没有刀具时，限位螺钉 4 在直槽内的限位作用使锁紧杆不会在弹簧 10 的作用下向右掉出。

4. 伞形机械手换刀

伞形机械手在握刀后刀具的轴线和机械臂回转轴线夹角为 45°，这种握刀方式在机械臂转动 180°后新旧刀具的轴线夹角为 90°，可以省去刀库中新刀的倒刀动作。图 4-47 所示为伞形机械手换刀过程。

图 4-47a：刀库进行刀具识别后将新刀转至换刀位置。

图 4-47b：机械臂正转 45°至换刀位，其中一个机械手腕部握住新刀，另一个机械手腕部握住主轴上的旧刀。

图 4-47c：垂直液压缸上腔进油，机械臂下降，同时将旧刀从主轴内拔出，将新刀从刀

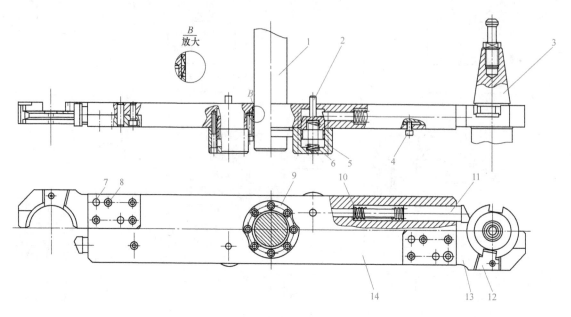

图 4-46　臂式机械手结构

1—传动箱输出轴　2—锥套　3—刀柄　4—限位螺钉　5—锥套盖　6、10—弹簧

7—圆柱销　8—螺钉　9—压紧套　11—锁紧杆　12—限位块　13—抓手　14—机械臂

库中取出。

图 4-47d：机械臂回转 180°，新旧刀具交换位置。

图 4-47e：垂直液压缸下腔进油，机械臂上升，同时将新刀装入主轴，将旧刀放入刀库。

图 4-47f：机械臂反转 45°，腕部脱离刀库换刀位和主轴握刀位完成复位，换刀结束。

伞形机械手换刀虽然比臂式机械手换刀少一个刀库的倒刀动作，但是刀具在刀库中的安装形式为锥柄径向插入，结构复杂性和可靠性都不如刀套安装；伞形机械手臂体积较大，安装位置影响操作者视线，最主要的是换刀速度远不如臂式机械手快，所以实际上很少采用。

5. 机械手换刀方式下的刀具识别方法

机械手换刀方式下通常采用计算机记忆法识别刀具。计算机记忆法的基本原理如下：

首先由操作者将刀具布置在刀库的各刀座里，在机床操作界面上设置刀具号与刀座号的对应关系，通常设置成刀具号与刀座号一致。换刀开始前，系统自动判断新刀在刀库中的位置，按最近距离确定刀库的运转方向（正转或反转），将新刀运行到换刀位置。以后的每一次换刀均由系统自动更新并记忆刀座号与刀具号的对应关系（映射），换刀时机械手将换下来的刀具（旧刀）直接放入刚取走的新刀的刀座内。

由于系统能实时记忆刀具号与刀座号的对应关系，使得这种刀具识别方法具有以下几个优点：

1）新刀从刀库取出和旧刀从主轴取下的动作是由机械手同时完成的，减少了换刀动作。

2）可提前识别新刀具，系统可在旧刀具仍在加工时就开始新刀具的识别，使刀具识别与机床切削加工同时进行，从而减少了非切削时间，提高了机床加工效率。

值得指出的是，由于机械手换刀时新、旧刀具的交换是在同一时间进行的，所以刀具在

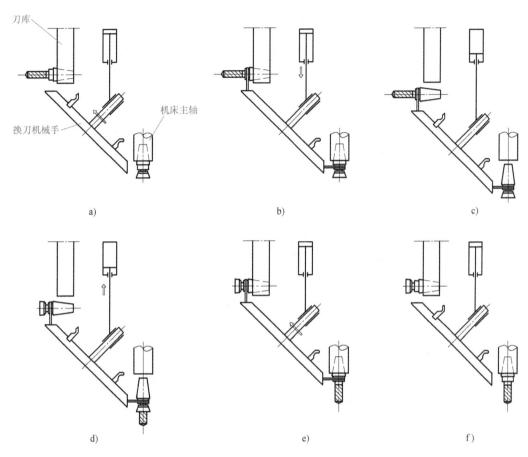

图 4-47　伞形机械手换刀过程

刀库中的布局位置随着换刀次数的增加而被改变。

计算机记忆法识别刀具技术目前在绝大多数加工中心中应用。

第五节　数控铣床典型附件

所谓机床附件是指在不改动原机床的前提下，可以安装或拆卸的具有独立功能的机床部件。数控机床附件以其专项功能强、配置灵活、更换方便、价格相对经济等特点使得机床使用范围得到扩展，降低了设备制造成本，达到事半功倍的效果。现在介绍一些数控铣床可选购的典型附件。

一、主轴附件

主轴附件与主轴锥孔连接，相当于原有的刀具锥柄与主轴孔连接，安装主轴附件后可使主轴的输出方向、转速和坐标轴功能发生变化，从而增强了原数控铣床的主轴功能。

1. 主轴角度头

主轴角度头可以很方便地进行立轴与卧轴的变换或倾斜成固定的角度轴。图 4-48 所示为常见的几种主轴可调角度头，图 4-48a 所示的角度头可安装在龙门数控铣床主轴上将其切换成水平轴。图 4-48b 和 c 所示的角度头可安装在卧式数控铣床主轴上，改变卧轴的方向，其中图 4-48b 所示角度头用垂直面和水平面作为调整面，适用于与原主轴轴线平行或垂直的各种加工方向的调整。图 4-48c 所示角度头用 45°倾斜面和垂直面作为调整面，适用于各种倾斜方向的加工面调整。

主轴角度头内部通常用一对或多对锥齿轮传动，角度通过回转部分环形槽边的刻度盘进行调整，调整后用螺钉紧固即可使用。

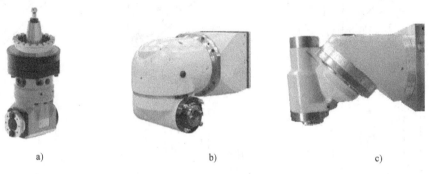

a)　　　　　　　　　　　b)　　　　　　　　　　　c)

图 4-48　常见的几种主轴可调角度头

2. 主轴增速器

在数控铣床（或加工中心）上使用小直径刀具时，主轴转速往往受到机床最高转速的限制而无法达到工艺所需的刀具线速度数值。图 4-49 所示的主轴增速器（或称主轴增速刀柄）可以在原主轴转速的基础上使输出端转速大幅度提高，能满足直径小于 1mm 的刀具加工，如钻微小孔所需的高转速。主轴增速器按传动形式有图 4-49a 所示的行星齿轮式、图 4-49b 所示的气动式和图 4-49c 所示的电主轴式等几种类型。

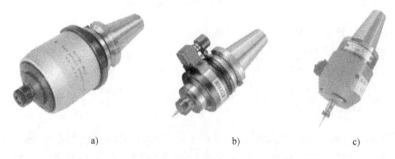

a)　　　　　　　　　　　b)　　　　　　　　　　　c)

图 4-49　主轴增速器

a）行星齿轮式　b）气动式　c）电主轴式

（1）行星齿轮式主轴增速器　这种增速器采用 1~2 级行星机构实现增速，对齿轮和轴承有非常高的要求，一般采用磨削高精度齿轮，以保证平稳、低噪声、大转矩、耐高温、运行寿命长。轴承采用超精密轴承或陶瓷轴承，精度在 P4 以上，预紧装配，同时采用长寿命油脂免维护润滑，降低维护费用；行星齿轮式主轴增速器传动示意图如图 4-50 所示，其 2 级增速比可达 20 以上，常见的齿轮式主轴增速器最高转速可达 200000r/min，跳动量小于 0.01mm。

（2）气动式增速器　气动式增速器实际上就是用压缩空气驱动的一个气动马达装置，

结构简单、运转平稳、噪声小。高速气动式增速器最高转速可达 160000r/min，跳动精度可达 0.001mm，由于转速极高，机床主轴不再需要同步旋转，减小了主轴损耗。但气动式增速器的输出功率不如行星齿轮式主轴增速器。

（3）电主轴式增速器 电主轴式增速器的工作原理类似于数控机床电主轴，虽然也能达到气动式增速器的性能，但是电主轴式增速器需要电源、变频器、冷却润滑等装置，维护比较麻烦且昂贵，通常仅在刀架或机器人上安装使用。

除上述增速器外，还有既可增速又可改变角度的增速角度头。图 4-51 所示的增速角度头，除了能使刀具轴线与主轴轴线成一定角度（一般为 30°～90°）外，还具有一定的增速功能。

主轴增速器和主轴角度头使得普通数控铣床具备高速机床的转速和立卧两用机床的性能，在不提升机床档次的前提下，扩展了机床的工艺范围。

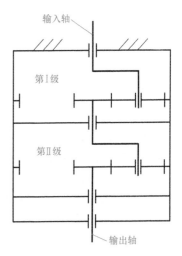

图 4-50 行星齿轮式主轴
增速器传动示意图

3. 多轴头

前述角度头在加工前做刀具轴线方向调整后均需要固定位置，不能在切削过程中做进给运动。图 4-52 所示的数控铣床多轴头则具有绕 Z 轴轴线回转和绕 Z 轴垂线摆动的功能。将该附件安装在主轴锥孔中后，再开通数控系统中的 C 轴和 B 轴功能，该机床即具有一定的五轴联动功能。

图 4-51 增速角度头

图 4-52 数控铣床多轴头

二、数控分度工作台

对于平面（或圆柱面）上等分的加工表面，如有沿圆周均布的孔加工，虽然可以用坐标法或固定循环编程，但是等分的精度受到机床定位精度的限制。用数控分度工作台单独完成工件的等分运动，可以大幅度提高工件加工的位置精度，简化加工程序。

1. 鼠牙盘数控分度工作台

图 4-53 所示为立式数控分度工作台，图 4-53a、b 所示分别为立式分度头的外形和结构。

工件安装在工作台上平面，首先要调整工件的分度圆心与分度工作台的回转轴线相重合。作为机床的辅助运动，分度运动进行时不能进行切削，所以刀具在分度前要先退出加工表面。分度精度取决于工作台内部的分度鼠牙盘的等分精度，分度工作台的等分误差可控制在±2″之内，最高精度可达±0.5″。

当系统发出分度指令时，活塞5所在液压缸下腔进油，上腔回油，活塞5上移，工作台10上升，活动鼠牙盘4与固定鼠牙盘9在啮合位置脱开，活动鼠牙盘4上的大齿轮与小齿轮3啮合。蜗轮1在步进电动机-蜗杆的驱动下转动，带动另一端的小齿轮转动，在小齿轮的带动下大齿轮与工作台一起做分度运动，到达指令指定位置后，电动机停止转动，液压缸进出油路切换，上腔进油，下腔回油，活塞5下移，工作台10下降，齿轮啮合脱开，鼠牙盘啮合，液压缸锁紧后分度结束。

鼠牙盘分度工作台的特点是以固定值进行分度定位，结构简单，定位刚度好，重复定位

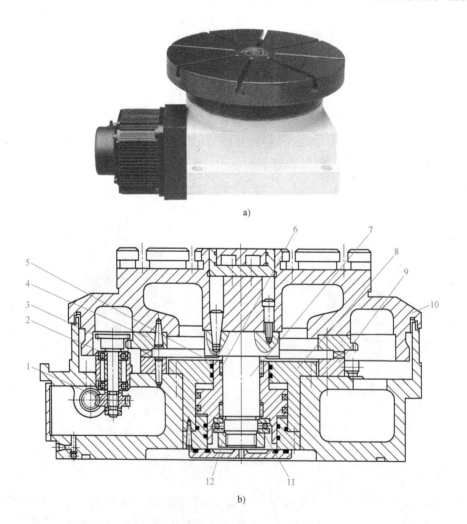

a)

b)

图 4-53　立式数控分度工作台

a）外形　b）结构

1—蜗轮　2—角接触球轴承　3—小齿轮　4—活动鼠牙盘　5—活塞　6—滚针轴承
7—轴　8—液压缸　9—固定鼠牙盘　10—工作台　11—推力球轴承　12—圆螺母

和分度精度高，定位速度快，在等分加工表面和交换工作台等定角度回转装置中应用广泛。缺点是功能比较单一，分度时有抬起动作，不能进行圆周进给。

鼠牙盘分度工作台的回转运动也可采用液压缸活塞-齿条齿轮的驱动方式代替电动机-蜗杆副驱动。

2. 定位销式数控分度工作台

定位销式数控分度工作台的结构如图 4-54 所示，这种工作台的定位分度采用了沿圆周等分的精密圆柱销和精密孔之间的配合实现分度。分度工作台 1 嵌在矩形工作台 10 之中。在不单独使用分度工作台时，两个工作台可以作为一个整体使用。

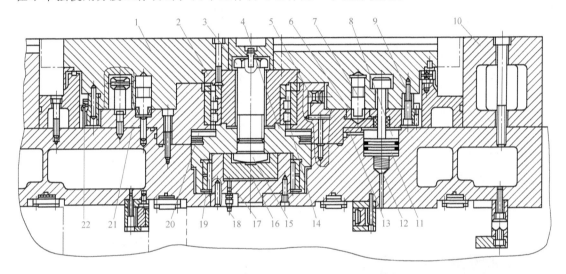

图 4-54　定位销式数控分度工作台的结构

1—分度工作台　2—锥套　3—螺钉　4—支座　5—消隙液压缸　6—定位孔衬套　7—定位销　8—锁紧液压缸
9—大齿轮　10—矩形工作台　11、16—活塞　12—弹簧　13—环形油槽　14、19、20—轴承
15—螺栓　17—中央液压缸　18—油管　21—底座　22—挡块

分度工作台 1 的底部均匀分布着八个定位销 7，在底座 21 上有一个定位孔衬套 6 及供定位销移动的环形槽。其中只有一个定位销 7 在对准定位孔时才能进入定位孔衬套 6 中，其他七个定位销则都位于环形槽中。由于定位销之间的分布圆心角为 45°，故工作台只能做 2 等分、4 等分和 8 等分的分度。

分度工作台的分度过程需经历松开、回转、定位、夹紧四个过程。

（1）松开　分度前机床的数控系统发出指令，由换向阀控制的液压缸切换油路使六个均布的锁紧液压缸 8 上油腔中的液压油经环形油槽 13 流回油箱，活塞 11 被弹簧 12 顶起，分度工作台 1 处于松开状态，同时消隙液压缸 5 卸荷，液压缸中的压力油经回油路流回油箱。油管 18 中的压力油进入中央液压缸 17，使活塞 16 上升，并通过螺栓 15、支座 4 把轴承 20 向上抬起 15mm，顶在底座 21 上。分度工作台 1 用四个螺钉与锥套 2 相连，而锥套 2 用螺钉 3 固定在支座 4 上，所以当支座 4 上移时，通过锥套 2 使分度工作台 1 抬高 15mm，固定在工作台面上的定位销 7 从定位孔衬套 6 中拔出，做好回转准备。

（2）回转　当工作台抬起之后发出信号，使液压马达驱动减速齿轮（图中未示出），带动固定在分度工作台 1 下面的大齿轮 9 转动，进行分度运动。

（3）定位 分度工作台的回转速度由液压马达和液压系统中的单向节流阀来调节，碰到第二个限位开关时分度工作台停止转动。此时，相应的定位销 7 正好对准定位孔衬套 6。

（4）夹紧 分度定位完毕后，数控系统发出信号使中央液压缸 17 卸荷，油液经油管 18 流回油箱，分度工作台 1 靠自重下降，定位销 7 插入定位孔衬套 6 中。定位完毕后消隙液压缸 5 通压力油，活塞顶向分度工作台 1，以消除径向间隙。经环形油槽 13 来的压力油进入锁紧液压缸 8 的上腔，推动活塞 11 下降，通过活塞 11 上的 T 形头将工作台锁紧。至此分度工作进行完毕。

定位销式分度工作台的定位精度取决于定位销和定位孔的精度，最高可达 ±5″。定位销和定位孔衬套的制造和装配精度要求都很高，硬度要求也很高，而且耐磨性要好。

三、数控回转工作台

上述数控分度工作台虽有很高的分度精度，但不能进行圆周进给。数控回转工作台既可以做独立的圆周进给运动也可以和别的坐标轴联动，还可以做分度运动代替分度工作台。但是数控回转工作台的分度精度比数控分度工作台要低，通常为 ±10″ 左右。

数控回转工作台是数控铣床的重要附件，常作为数控铣床的第四个坐标轴使用。

图 4-55a 所示为立式数控回转工作台，工件安装在工作台面上后，回转工作台在进给伺服电动机驱动下转动获得 C 坐标轴功能；图 4-55b 所示为卧式数控回转工作台，转动后可获得 A 坐标轴功能。若回转工作台具有两个相互垂直的安装面，则该工作台就能立卧式两用。

a)   b)

图 4-55 数控回转工作台
a）立式 b）卧式

1. 半闭环数控回转工作台

图 4-56 所示为立卧式数控回转工作台的结构，它有两个相互垂直的定位面，而且装有定位键 22，可方便地进行立式或卧式安装。工件可安装在工作台平面上，也可安装在主轴孔 6 内。工作台可进行连续回转进给运动或任意角度的分度运动。工作台的回转由直流伺服电动机 17 驱动，其尾部装有检测转角用的光电脉冲编码器（1000 脉冲信号/r），可实现半闭环控制。

机械传动部分是两对齿轮副和一对蜗杆副。齿轮副采用双片齿轮错齿消隙法消除传动侧隙。调整时卸下直流伺服电动机 17 和法兰 16，松开螺钉 18，转动双片齿轮即可消隙。蜗杆副采用变齿厚双导程蜗杆消隙法消除轴向间隙。调整时松开螺钉 24 和螺母 25，转动螺纹套 23，使蜗杆 21 轴向移动，改变蜗杆 21 和蜗轮 20 的啮合部位即可消除间隙。

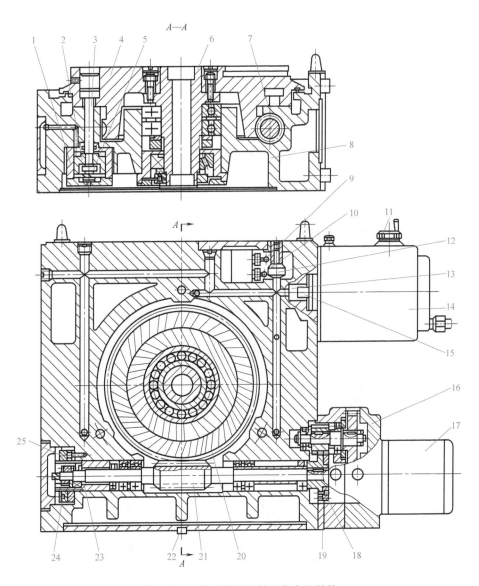

图 4-56　立卧式数控回转工作台的结构

1—夹紧液压缸　2—活塞　3—拉杆　4—工作台　5—弹簧　6—主轴孔　7—工作台导轨面　8—底座　9—夹紧信号开关
10—松开信号开关　11—手摇脉冲发生器　12—触点　13—油腔　14—气液转换装置　15—活塞杆　16—法兰
17—直流伺服电动机　18、24—螺钉　19—齿轮　20—蜗轮　21—蜗杆　22—定位键　23—螺纹套　25—螺母

　　回转进给时首先由气液转换装置 14 中的电磁换向阀换向，使其中的气缸左腔进气，右腔排气，活塞杆 15 向右退回，油腔 13 及管路中的油压下降，夹紧液压缸 1 上腔减压，活塞 2 在弹簧 5 的作用下向上运动，拉杆 3 松开工作台。同时触点 12 退回，松开夹紧信号开关 9，压下松开信号开关 10。此时直流伺服电动机开始驱动工作台回转进给（或分度）。工作台回转进给完毕（或分度到位）后，气液转换装置中的电磁换向阀换向，使气缸右腔进气，左腔排气，活塞杆向左伸出，油腔、油管及夹紧液压缸上腔的油压增加，使活塞压缩弹簧，拉杆下移，将工作台压紧在底座 8 上，同时触点在油压作用下向上移动，松开松开信号开关 10，压下夹紧信号开关 9。手摇脉冲发生器 11 可用于工作台的手动微调。

2. 全闭环数控回转工作台

图 4-57 所示为闭环式数控回转工作台。该数控回转工作台由传动系统、间隙消除装置、回转夹紧装置和角度检测与反馈装置等组成。

当数控回转工作台接到数控系统的起动指令后，首先把蜗轮 10 松开，然后起动电液脉冲马达 1，按指令脉冲来确定回转工作台的回转方向、回转速度及回转角度大小等参数。回转工作台的运动由电液脉冲马达 1 驱动，经齿轮 2 和 4 减速带动蜗杆 9，通过蜗轮 10 转动使回转工作台回转。齿轮 2 和 4 相啮合的侧隙是通过调整偏心环 3 的周向位置来消除的。齿轮 4 与蜗杆 9 采用楔形拉紧销 5 消除轴与套的配合间隙。蜗杆副传动采用了双螺距渐厚蜗杆，通过移动蜗杆的轴向位置来调整间隙。调整时先松开螺母 7 上的锁紧螺钉 8，使压块 6 与调整套 11 松开，同时将楔形拉紧销 5 松开。然后转动调整套 11，带动蜗杆 9 做轴向移动。根据设计要求，蜗杆有 10mm 的轴向移动调整量，这时蜗杆副的侧隙可调整 0.2 mm。调整后锁紧调整套 11 和楔形拉紧销 5。蜗杆的左右两端装有双列滚针轴承，左端为自由端，可以伸缩以消除温度变化的影响；右端装有双列推力轴承，进行轴向定位。

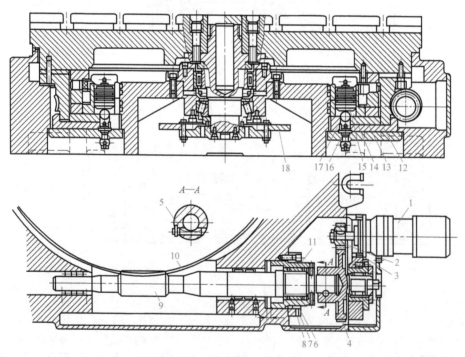

图 4-57　闭环式数控回转工作台

1—电液脉冲马达　2、4—齿轮　3—偏心环　5—楔形拉紧销　6—压块　7—螺母　8—锁紧螺钉　9—蜗杆　10—蜗轮　11—调整套　12、13—夹紧瓦　14—夹紧液压缸　15—活塞　16—弹簧　17—钢球　18—圆光栅

由于回转工作台静止时必须处于锁紧状态，工作台面用沿其圆周方向分布的八个夹紧液压缸进行夹紧。当回转工作台不回转时，夹紧液压缸 14 的上腔通压力油，使活塞 15 向下运动，通过钢球 17、夹紧瓦 13 及 12 将蜗轮 10 夹紧；当回转工作台需要回转时，数控系统发出指令，使夹紧液压缸 14 上腔的油流回油箱。在弹簧 16 的作用下，钢球 17 抬起，夹紧瓦 12 及 13 松开蜗轮 10，然后由电液脉冲马达 1 通过传动装置，使蜗轮和回转工作台按照控制系统的指令做回转运动。该回转工作台除了可做任意角度的回转和分度以外，还装有一套圆

光栅转角位置检测与反馈装置，圆光栅 18 用于检测回转工作台的实际转角，并以脉冲的形式反馈到系统，系统经与转角定位指令比较，计算出转角误差并进行补偿，由此提高了回转精度。该工作台的分度精度可达±10″。

四、摇篮式回转工作台

摇篮式回转工作台可以看作是在回转工作台的基础上再增加一个与回转工作台垂直的摆动坐标轴，摆动部分形如摇篮故有此称。图 4-58a 所示为单臂摇篮式回转工作台，图4-58b 所示为双臂摇篮式回转工作台。两种回转工作台的坐标轴是一样的，图 4-58c 所示为安装了摇篮式回转工作台的数控铣床的运动坐标轴分析，该回转工作台可使数控铣床具有 X、Y、Z、A 和 C 共 5 个坐标轴，并且可以实现联动。

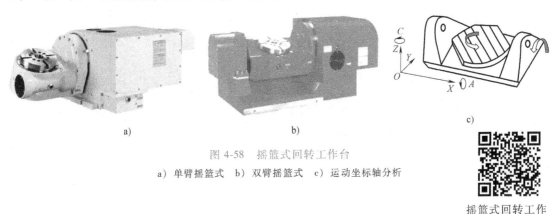

a)　　　　　　　　　　b)　　　　　　　　c)

图 4-58　摇篮式回转工作台

a）单臂摇篮式　b）双臂摇篮式　c）运动坐标轴分析

摇篮式回转工作台运行视频

摇篮式回转工作台对数控系统的档次有一定要求，所以从这一点看，摇篮式回转工作台已经超出了一般的机床附件概念。

第六节　数控铣床（加工中心）装调实践

一、数控铣床进给装置装调

（一）实践教学所需的设施

数控铣床 X-Y 轴进给装置（也可以是十字滑台），通用装调工具，通用检测计量器具和检具，进给装置装配图。

（二）实践教学步骤与要求

按数控铣床进给装置装调工艺卡（表 4-1）进行。

数控铣床滚动导轨副装调视频

数控铣床滚珠丝杠螺母副装调视频

数控机床机械结构与装调工艺

表 4-1　数控铣床进给装置装调工艺卡

工序号	工序名称	装调工艺过程卡片 工序内容	部门	载体名称 装配通用工具及夹具	数控铣床进给装置 装配专用工具	第　页　共　页 备注
（单位名称）						
1	拆卸 X 轴进给装置		拆装室，下同			
	准备工作	分析拆卸工艺		内六角扳手、螺钉旋具		
	拆卸外围件	拆卸导轨防护罩、限位元件等		内六角扳手、锤子（松木）		
	拆卸进给电动机			锤子（松木）		
	工作台部件拆卸	拆卸工作台与滑块的连接螺钉		内六角扳手、呆扳手		
		分离工作台与滑座		内六角扳手、呆扳手		
	丝杠部件拆卸	拆卸进给伺服电动机				
		拆卸联轴器		内六角扳手、拔销器		
		松开滚珠丝杠螺母与鞍座之间的连接，松开滚珠丝杠两端支承与鞍座的连接				
		卸下滚珠丝杠部件				
	滚动导轨拆除	撬平导轨紧固螺钉的顶盖		顶拔器		
		松开并拆下导轨固定螺钉		一字螺钉旋具		
		卸下两个导轨，拆除定位滚柱与螺钉		内六角扳手		
2	拆卸 Y 轴进给装置	与 X 轴相同的步骤		内六角扳手		
	装配与调试	准备工作		装配件、图样		
3	Y 轴进给装置装调	清洗导轨安装面，安放导轨			清洗装置	注意区分基准导轨和非基准导轨
		安装基准导轨，检测基准导轨与基准边的平行度误差后将紧固件紧固		内六角扳手（或定转矩扳手）、杠杆表与表座		
		安装非基准导轨，检测与基准导轨之间的平行度误差		内六角扳手（或定转矩扳手）、杠杆表与表座		
		安放滚珠丝杠传动装置				
		检测丝杠导轨的间距和平行度误差		杠杆表与表座、300mm 游标卡尺	丝杠摇手柄	
		紧固滚珠丝杠支承座螺钉				
4	X 轴进给装置装调	安放工作台、紧固工作台螺钉		内六角扳手	丝杠摇手柄	
		同 Y 轴进给装置装调步骤				
5	X-Y 轴垂直度调整	在顶部工作台上安放方形检具		框式水平仪	丝杠摇手柄	
		将水平仪的一条边调至与 Y 轴移动方向平行		杠杆表与表座		手动调整水平位置
		检测水平仪另一边与 Y 轴移动方向平行度误差，松开联接座连接螺钉调整精度		内六角扳手等		
6	结束	导轨加盖，安装外围元件				

120

（三）思考题

1）当导轨之间的间距很大时，如何检测导轨之间的平行度误差？

2）检测导轨平行度误差时，指示表的测头应该打在被测导轨的哪个部位才能真实反映导轨移动方向？

3）结合检测方法，如何理解导轨的直线度和平行度之间的区别？

二、加工中心自动换刀装置操作与装调

（一）实践教学所需的设施

加工中心凸轮式机械手自动换刀装置2套，其中一套可运行操作，另一套为刀库、传动箱等几个独立的部件，均可手动运转且可拆卸；相应的装配图样。

（二）实践教学步骤与要求

1. 自动换刀装置操作

1）检查电源、气源，接通电源，按"单步操作"按钮，在主轴上装一把刀柄。

2）进行单步法操作自动换刀，仔细观察换刀装置各部件的动作以及各动作之间的相对方位。

3）按该动作结束时各部件所处方位或状态填写表4-2。

表4-2　凸轮式机械手自动换刀装置动作关系表

部件名称 动作(结束时)	刀库转盘	装新刀刀套位置	机械手圆周转动方位（俯视方向）	机械手轴向运动方位	主轴内部夹刀机构
填表选项	转动,停止	水平,垂直	填绝对角度坐标	停止,上位,下位	夹紧,松开
新刀具识别					
新刀具抓取,主轴旧刀具抓取					
从主轴卸下旧刀具					
新、旧刀具交换					
装新刀具					
换刀结束					

2. 拆卸刀库部件

1）拆卸刀库驱动电动机，用专用摇手柄顺时针方向转动刀库。

2）拆卸气缸及活塞杆部件。

3）拆卸刀库转动蜗杆部件。

4）松开刀套与刀库机架之间的连接螺钉，卸下刀套部件。

5）拔出分度滚子圈与机架之间的定位销，拆卸滚子圈。

3. 拆卸传动箱部件

1）拆卸输入电动机，插入专用摇手柄，手摇至机械臂换刀做圆周运动的中途。

2）将传动箱水平放置，用拔销器拔出箱侧盖上的定位销，拆下侧盖全部紧固螺钉。

3）卸掉侧盖，取出弧形凸轮-大锥齿轮轴系部件。

4）拆掉大锥齿轮背部槽凸轮所在面上的四个紧固螺钉，取出大锥齿轮。

5）观察传动箱内部构造，分析传动箱内各传动零部件的装配关系、功能以及传动原理。

4. 装配传动箱

1）清洗全部零部件，看懂装配图样，准备好装配工具。

2）按拆卸过程的反向顺序装配。

3）用对角法将侧盖螺钉按顺序拧紧。

4）顺时针方向手摇输入轴，观察机械手动作是否正确。

5）抽出摇手柄，安装输入电动机。

（三）思考题

1）换刀装置传动箱输入轴只有单向转动，输出的机械手是如何实现顺时针和逆时针两个方向的转动的？

2）机械手的轴向运动和圆周运动之间的相对方位是采用什么办法固定的？

3）通过简单测量，在图 4-59 中用圆圈标出槽凸轮中从动件滚子在槽中的以下各个位置，再标出动作顺序号。

①换刀前起始点　②在从主轴拔刀开始
③拔刀结束　④装刀开始
⑤装刀结束　⑥换刀结束

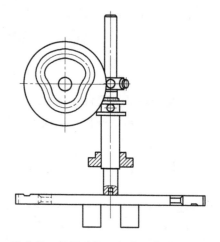

图 4-59　机械手拔刀与装刀传动示意图

习　题

1. 简述数控铣床、加工中心和五轴联动数控机床的区别。

2. 简述数控铣床和数控车床主轴结构的主要区别。

3. 数控铣刀 BT 类刀柄和 HSK 刀柄各有哪些优缺点？

4. 简述数控铣刀在主轴内安装紧固和松开的工作原理。

5. 简述主轴换刀和机械手换刀各自的优缺点。

6. 用斗笠式刀库能否进行机械手换刀？用圆盘式刀库能否进行主轴换刀？试解释原因。

7. 当臂式机械手进行正转和反转时，机械手传动箱的输入电动机是否做相应的正转和反转？试从传动原理上解释理由。

8. 根据图 4-25 所示的小型数控铣床 Z 轴进给装置结构绘制传动示意图。

9. 哪几种主轴附件需要独立的输入动力源，且不能和机床原主轴连接？

第 五 章

数控机床的发展

 学习导引

数控机床技术正在向精密、高速、复合、智能、环保等方向发展。本章介绍从数控机床的电主轴、直线电动机等部件方面的新技术，到新一代数控机床整机的发展，最后介绍机床之间联系的新技术——工业机器人知识，使学习者能及时了解数控机床制造技术发展现状。

 学习目标

通过学习本章，学生应了解数控机床的部件、整机和机床之间的联系等方面的各项新技术发展，了解未来的数控机床的功能和构造，以适应数控机床不断更新换代的新形势。

 学习重点和难点

重点为机床部件新技术；难点为虚拟轴机床的工作原理认知。

第一节　电主轴技术

数控机床的主轴通常由主电动机经过传动机构（如带或齿轮）提供动力和运动，如果将主电动机和主轴之间的传动机构去除，即直接将电动机、主轴编码器和主轴部件合为一体，这样的主轴部件称为电主轴，也称为内装式主轴或主轴单元。电主轴实现了从动力源到执行件的零传动，也使主轴成为真正意义上的独立功能部件。

数控机床电主轴的外形如图 5-1a 所示。

1. 电主轴的特点

与其他形式的主轴结构相比较，电主轴具有以下优点：

1）电主轴具有良好的稳定性和动态性能，满足高速、高效、高精加工的要求。

2）电主轴利用交流变频技术实现转速范围内的无级变速，能针对不同工况和负载状况对转速和转矩进行实时调整。

3）能够根据不同的机床类型和型号配置相应的电主轴，将使主轴标准化、专业化、单元化和规模化生产成为现实。

电主轴由于结构上的优越性和具有上述其他类型主轴无法代替的性能优势，几乎是高速数控机床和并联式数控机床主轴的唯一选择。

实现电主轴的关键技术之一是高速精密轴承。目前在高速精密电主轴中应用的轴承有精密滚动轴承、液体动静压轴承、气体静压轴承和磁悬浮轴承等新型轴承。而液体动静压轴承的标准化程度不高；气体静压轴承不适用于大功率场合；磁悬浮轴承由于控制系统复杂、价格昂贵，其实用性受到限制，故应用较多的是精密角接触陶瓷球轴承和精密圆柱滚子轴承。

2. 电主轴的结构

数控机床电主轴的构造如图5-1b所示。电主轴由无外壳电动机、主轴7、主轴单元壳体1、驱动模块以及冷却装置3和6等组成。电动机的转子5采用压配方法与主轴做成一体，主轴则由前轴承10和后轴承9支承。

电动机的定子4通过冷却套安装于主轴单元的壳体中。主轴的变速由主轴驱动模块控制，而主轴单元内的温升由冷却装置限制。在主轴的后端装有测速、测角位移的传感器8，前端的内锥孔和端面用于安装卡盘。

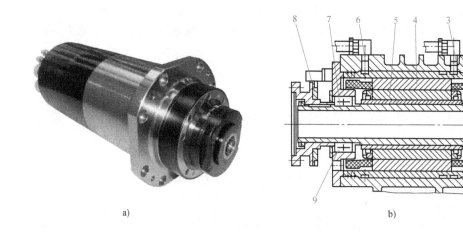

a)　　　　　　　　　　　　b)

图 5-1　数控机床电主轴的外形与构造

a）外形　b）构造

1—主轴单元壳体　2—衬套　3、6—冷却装置　4—定子　5—转子

7—主轴　8—传感器　9—后轴承　10—前轴承

3. 电主轴的冷却

由于电主轴将电动机集成于主轴单元中，且转速很高，运转时会产生大量热量，引起电主轴温升，使电主轴的热态特性和动态特性变差，从而影响电主轴的正常工作。目前一般采取强制循环油冷却的方式对电主轴的定子及主轴轴承进行冷却，即将经过油冷却装置的冷却油强制性地在主轴定子外和主轴轴承外循环，带走主轴高速旋转产生的热量。

4. 电主轴的驱动

电主轴通常采用交流异步感应电动机，由于是用在高速加工机床上，起动时要从静止迅速升速至每分钟数万转乃至数十万转，因而起动转矩大，起动电流要超出普通电动机额定电流的5~7倍。电主轴驱动方式有变频器驱动和矢量控制驱动器驱动两种。变频器的驱动控制特性为恒转矩驱动，输出功率与转矩成正比。数控机床最新的变频器采用先进的晶体管技术，可实现主轴的无级变速。机床矢量控制驱动器的驱动控制在低速端为恒转矩驱动，在中、高速端为恒功率驱动。

第二节　直线电动机技术

一、直线电动机进给装置

传统的数控机床的进给装置从旋转电动机到移动工作部件要通过联轴器、滚珠丝杠副等中间传动环节，在这些环节中产生了较大的转动惯量、弹性变形、反向间隙、运动滞后、摩擦、振动、噪声及磨损。虽然机械组件通过不断改进使传动性能有所提高，但问题很难从根本上解决。

随着电动机及其驱动控制技术的发展，和电主轴一样，直线电动机的出现和技术日益成熟，于是出现了"直接传动"的概念，即取消从电动机到工作部件之间的各种中间环节。直线电动机及其驱动控制技术在机床进给驱动上的应用，使机床的传动结构出现了重大变化，并使机床性能有了新的飞跃，日益显示出巨大的优越性。图5-2和图5-3所示分别为直线电动机进给装置的外形和组成。

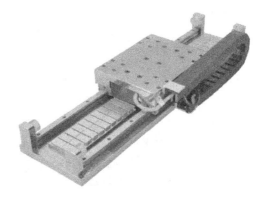

图5-2　直线电动机进给装置的外形

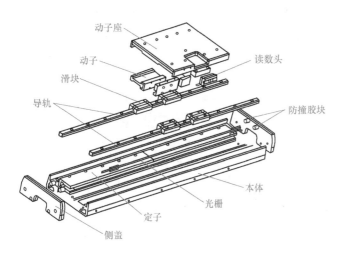

图5-3　直线电动机进给装置的组成

直线电动机进给运行视频

直线电动机与旋转电动机相比，主要有如下几个特点：

1. 结构简单

由于直线电动机不需要把旋转运动变成直线运动的附加装置，因而使得系统本身的结构大为简化，质量和体积大幅度减小。

2. 定位精度高

在需要直线运动的地方，直线电动机可以实现直接传动，因而可以消除中间环节所带来的各种定位误差，故定位精度高，如采用微机控制，还可以大大提高整个系统的定位精度。

3. 动态性能好

直线电动机响应快、灵敏度高、随动性好。直线电动机的动子和定子之间始终保持一定的气隙而不接触，这就消除了定子和动子间的接触摩擦阻力，因而大大提高了系统的灵敏度、快速性和随动性。

4. 工作安全可靠、寿命长

直线电动机可以实现无接触传递力，机械摩擦损耗几乎为零，所以故障少、免维修，因而工作安全可靠、寿命长。

二、直线电动机基本原理

直线电动机的历史可以追溯到 1840 年惠斯登制作的直线电动机模型，如今各类旋转电动机在原理上都可以转化成直线电动机。

1. 感应直线电动机

在三相异步感应电动机的定子绕组中通入三相对称电流时，会在气隙中产生转速为 n_1 的旋转磁场，转子导条切割旋转磁场而在其闭合回路中生成电流，带电的转子在磁场作用下产生电磁转矩，使转子沿旋转磁场的转向以转速 n 旋转。改变三相电流的相序，可以使旋转磁场及转子的旋转方向改变。

假想将直线异步感应电动机定子（初级）和转子（次级）沿径向剖开（图 5-4a），再展开成平面（图 5-4b）。在三相绕组中通入三相对称电流时，其在气隙中产生的磁场也是运动的，只是沿直线方向移动，称为移行磁场或行波磁场。次级件（即原来的转子）也会因此而沿移行磁场运动的方向移动，移行磁场及次级件的移动方向也由三相电流的相序决定。

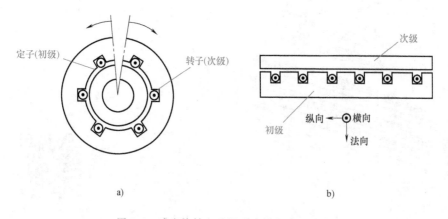

图 5-4　感应旋转电动机到直线电动机的演变

2. 永磁同步直线电动机

永磁同步电动机与普通异步电动机的区别在于前者转子上安装有图 5-5a 所示的永磁体磁极，当永磁同步电动机的定子绕组通入三相交流电时，三相电流在定子绕组的电阻上产生电压降。由三相交流电产生的旋转电枢磁动势及建立的电枢磁场，一方面切割定子绕组，并在定子绕组中产生感应电动势；另一方面定子以电磁力拖动永磁转子以同步转速旋转。

由图 5-5b、c 可知，永磁同步电动机展开成直线电动机的方法与异步感应直线电动机相同。

也可将永磁体作为固定部件，将绕组作为移动部件，通过加大永磁体的尺寸获得较长的导程。

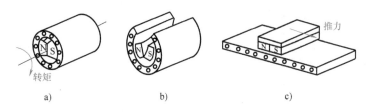

a)   b)   c)

图 5-5 异步旋转电动机到直线电动机的演变

表 5-1 所列为直线电动机进给装置与旋转电动机+滚珠丝杠进给装置传动性能比较。

表 5-1 直线电动机进给装置与旋转电动机+滚珠丝杠进给装置传动性能比较

性能	旋转电动机+滚珠丝杠	直线电动机
定位精度/（μm/300mm）	10	0.5
重复定位精度/μm	2	0.1
快移速度/（m/min）	20~120	60~200
最大加速度	$1.5g$[①]	2~10g
静态刚度/（N/μm）	90~180	70~270
动态刚度（N/μm）	90~180	160~210
平稳性 $\left(\dfrac{\Delta v}{v}\%\right)$[②]	10	1
调整时间/ms	100	10~20
使用寿命/h	6000~10000	50000

① g 为重力加速度，单位为 m/s^2。
② 速度的变动量与速度的理论值之比。

由表 5-1 中数据可知，直线电动机进给装置在精度、动态性能及使用寿命等多方面显著优于旋转电动机-滚珠丝杠进给装置，因而除数控机床以外，直线电动机在很多领域获得日益广泛的应用。

三、直线电动机的技术问题及其解决方法

1. 隔磁问题

和旋转电动机不同，直线电动机的磁场是敞开的，因而采用直线电动机驱动的机床对环境要求就比较严格，尤其是采用永磁式直线电动机时，在机床床身上要安装一排强力永久磁铁，因此必须采取可靠的隔磁措施，否则会吸住加工中的切屑、金属工具和工件等。若这些微粒被吸入直线电动机的定子和动子之间的气隙（一般只有 0.3~1mm），电动机就会发生故障。因此要把直线电动机、导轨和床身用三维折叠和耐热的高速防护罩加以防护，以确保直线电动机的运行安全。

2. 散热冷却问题

直线电动机安装在工作台和导轨之间，处于机床的腹部，散热条件不好。因此必须采取

强有力的冷却措施，把直线电动机工作时产生的热量迅速带走。否则将会直接影响机床的工作精度，降低直线电动机的推力。一般可在初级和次级上加装冷却板，工作时向冷却板中通以一定压力和流量的冷却水，用以吸收和带走直线电动机内部产生的热量。

四、直线电动机进给装置的装配工艺

图 5-6 所示为直线电动机进给装置的横截面简图。由于旋转电动机是一个独立、完整的部件，旋转电动机与其他部件之间只是安装与连接，装配性能容易得到工艺技术保证。但是直线电动机进给装置中电动机的初级和次级分别固定和移动部件安装连接，其相对位置的安装精度影响到进给装置的性能。在此简单介绍直线电动机的装配工艺要点。

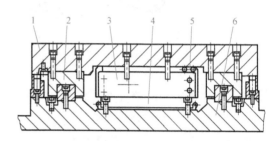

图 5-6　直线电动机进给装置的横截面简图
1—工作台　2—滚动导轨　3—电动机动件
4—电动机定件　5—光栅尺　6—床身

1. 直线电动机装配的安全性

由于直线电动机次级部构芯的永磁体有一个强大的静态磁场和相当高的磁吸力，因此装配过程中不得使用碳钢材料（可使用不锈钢）制作的装配工具，以免由于强磁性产生意外。装配过程中还需要满足以下要求：

1）磁性材料距次级部构芯距离必须保证大于 100mm。

2）手表、磁性材料（磁卡、磁盘等）要远离。

3）安装、维修、维护设备时要戴工作手套。

4）戴心脏起搏器的人员不得在此设备上工作。

5）不能将强磁体放在次级部构芯附近。

6）装配前才能拆掉次级部构芯包装箱。

7）装配时至少有两人操作。

8）不能把初级部构芯直接放到次级部构芯上。

9）使用钢制工具时要握紧工具，从侧面接近次级部构芯。

10）次级部构芯装好后又做其他工作，要用厚 20mm 以上的非金属材料（如木头）把它盖好。

11）在直线导轨上安装好初级部构芯和次级部构芯后，要防止由于磁力作用在移动方向上移动。

2. 直线电动机安装螺钉和紧固转矩的选择

为避免磁性作用，直线电动机上的安装螺钉采用不锈钢材质，为增大螺钉的夹持力，在螺钉上涂抹 MoS_2 润滑脂，拧紧时须按操作说明书进行定转矩紧固。

3. 直线电动机的安装

由于直线电动机拆装较困难，为保证无杂质，安装前应将零件清洗干净。为保证螺钉安装时不干涉，需要将螺钉孔进行校正。由于初、次级部构芯气槽尺寸直接影响初、次级部构芯吸引力和进给力，为不减弱直线电动机功能，保证初、次级部构芯安装后之间的槽隙为

0.8mm，安装前对各零件尺寸链进行校正。为保证直线电动机安装精度，安装直线电动机前先将滑板与床鞍进行预装，调整好精度后，再将滑板拆下，分别安装初、次级部构芯。

第三节 并联运动数控机床

并联运动数控机床（简称并联机床）是迅速发展起来的一种新概念数控机床，由于这类机床坐标轴运动全部由多个独立的分运动虚拟坐标轴合成，故又称为虚拟轴数控机床。

1. 并联机床的基本原理

传统数控机床坐标轴运动通常是使刀具或工作台沿着机床导轨运动实现的。传统加工中心的基本配置如图 5-7a 所示。并联机床的基本配置如图 5-7b 所示，它由电主轴部件、固定平台、运动平台和若干个并联连接的连接杆组成。如电主轴上刀具位置（刀位点）要从空间某个方位点运动到新的方位点，系统可以通过复杂的数学运算，计算并改变各伸缩杆所需的长度增量，通过各杆长度变化和各球形铰链的角度变化，到达新的空间方位点。连续改变各伸缩杆的长度，即能连续改变主轴（刀具）的位置，达到连续进给的目的。这种全新的机床设计概念完全颠覆了一百多年来传统机床的传动原理和配置形式。

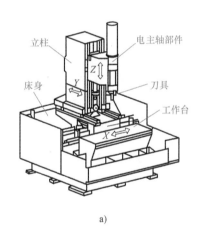
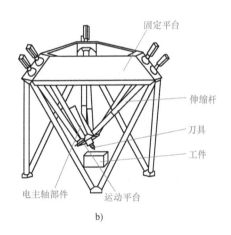

图 5-7 传统数控机床与并联运动机床配置比较

a）传统加工中心的基本配置 b）并联机床的基本配置

并联机床的关键部件是图 5-8 所示的电主轴姿态控制装置，其中伸缩杆的长度由滚珠丝杠和螺母的相对位置确定，由于螺母副在空间的姿态需要变动，所以将伺服电动机与螺母制成整体，故称为电滚珠丝杠螺母。伸缩杆的空间姿态所需的自由度由一对安装在前端和末端的球形铰链提供。

2. 并联机床的机构运动分析

传统机床的传动装置通常可看作是以空间串联机构为主的运动机构，如图 5-9a 所示

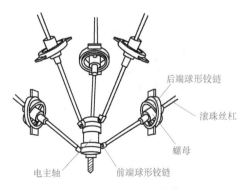

图 5-8 电主轴姿态控制装置

的摇臂钻床和图 5-9b 所示的立式升降台铣床。为了实现末端多坐标运动的自由度，各导轨部件大多设计成串联形式。加工过程中机床刀具所受到的切削反力，依次以串联叠加的形式传递给各个构件（主轴、立柱、横梁、滑座等），最终传递给床身，每个构件的变形也依次叠加。这些作用力一般不通过构件的质心，所以必然会额外产生弯矩和转矩，使前端构件不但承受工作载荷（切削力），还额外承受各构件的重力以及由弯矩和转矩引起的前端构件的应力与变形。因此，为了达到机床高刚度的要求就必须加大构件的截面，但是由此又增加了各结构件的体积和材料，并且更加重了由重力载荷引起的变形，这是传统机床无法彻底解决的问题之一。

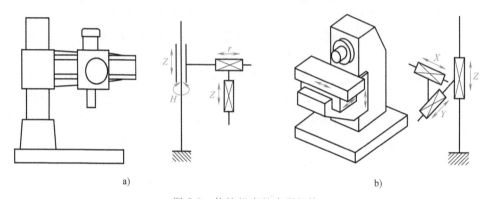

图 5-9　传统机床的串联机构

a）摇臂钻床及其运动机构　b）立式升降台铣床及其运动机构

　　另一方面，为了扩大机床的加工范围，使机床运动自由度增多（图 5-10），也需增加相应的串联运动链，机床的机械结构变得十分复杂，由此也会进一步降低机床刚度，或为此进一步增加机床的体积和材料。

　　并联机床采用图 5-11 所示的多杆并联机构后，在固定平台 1 和运动平台 2 之间使用多个长度可调的二力杆，二力杆的简单受力性能大幅度简化了传动机构和机床结构，既节省材料又能提高机床刚度，使机床加工精度和加工质量都有较大改进，易实现高速、超高速和高精度加工。

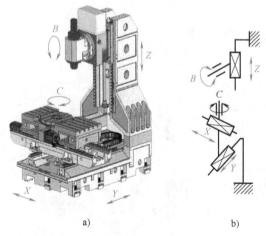

图 5-10　具有较多运动自由度的机床

a）机床外形与配置　b）机构运动示意图

三杆并联式数
控机床运行视频

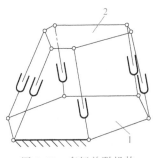

图 5-11　多杆并联机构
1—固定平台　2—运动平台

五杆并联式数控
机床运行视频

就整体而言，传统的串联机构机床，属于数学简单而结构复杂的机床，而并联机构机床则属于结构简单而数学复杂，整个平台的运动涉及相当庞大的数学运算，因此虚拟轴并联机床是一种知识密集型机床。

并联机床之所以尚未普及，存在的不足之处有：机床制造成本仍然较高；工件安装位置空间狭小，限制了加工工件尺寸；实现上下料自动化不如传统数控机床方便等。

第四节　自动上下料工业机器人

工业机器人是一种能模仿人动作功能、有独立控制系统、可以改变工作程序和编程的多用途自动操作装置。工业机器人是集机械、电子、控制、计算机、传感器、人工智能等多学科先进技术于一体的现代制造业重要的自动化装备，目前已在机械制造等多领域获得广泛应用。

数控机床工件人工上下料和搬运工作已成为先进制造业发展的瓶颈之一。由机器代替人工完成前述工作，不但可以大幅度降低劳动强度，实现批量加工的全自动化，更重要的是使数控机床之间的联系发生重要变化：原来只完成单一工件部分工序的数控机床，可以在机器人的协助下完成不同工件从毛坯到成品甚至入库的全部过程，即柔性加工系统。

图 5-12 所示为自动上下料工业机器人的基本结构形式，其中以图 5-12a 所示的直角坐标型（又称桁架式）和图 5-12e 所示的多关节型应用最广。本节对这两种工业机器人做简要介绍。

一、桁架式工业机器人

这类建立在桁架基础上的工业机器人布置在加工设备的正上方，上下料机器人在桁架轨道上运行，完成工件的抓取、更换、输送和放置等一系列动作。桁架式工业机器人分单排和多排桁架、单机器人和多机器人，其布局如图 5-13 所示。

桁架式工业机器人具有以下特点：

1）多自由度运动，每个运动自由度之间的空间夹角为直角。

2）机器人行走轨迹为直线，适合长行程应用，可采用滚轮导轨，可靠性高、速度快、精度高。

3）可用于恶劣的环境，安装调试方便，可长期工作，便于操作维修。

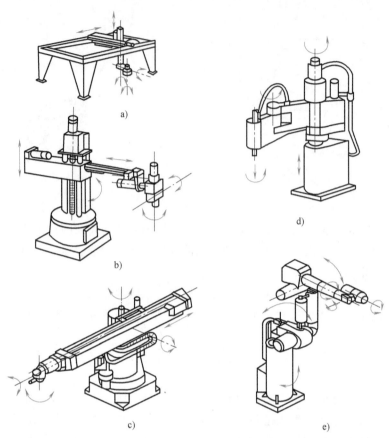

图 5-12　自动上下料工业机器人的基本结构形式

a）直角坐标型　b）圆柱坐标型　c）球坐标型　d）平面关节型　e）多关节型

4）充分利用车间上方空间，占地面积小，节省车间场地。

桁架式工业机器人的局限性在于：

1）操作空间受限制，加工设备的正上方必须有机械手作业空间，故在类似于卧式数控车床的机床上应用较多，在工作台上方有机床部件的立式机床（如立式加工中心和并联式数控机床）上应用困难。

2）操作灵活程度较低，由于桁架式工业机器人的运行轨道为直角坐标，故工作对象能实现的末端运动以平动为主，难以实现转动和由多个独立运动合成的空间复杂运动。

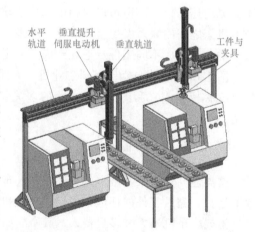

图 5-13　桁架式工业机器人布局示意图

二、关节式工业机器人

1. 关节式工业机器人的特点

关节式工业机器人用多个关节的摆动运动合成机器人执行件"手腕"所需要的复杂空

间运动（包括直线运动），是应用仿生学的成功实例之一。图 5-14 所示为平面关节式工业机器人，绕数个相互平行的铅垂回转轴的摆动关节使得执行件可以灵活地到达作用圆柱面内的任何位置，结构简单，动作速度快，精度高，不过由于缺少其他方向的回转轴，平面关节式工业机器人作业范围受到限制。

图 5-15 所示为多关节式工业机器人，其关节数根据图 5-16 分析可知为 6，其中关节 1 绕 Z 轴回转，关节 2、3、5 绕 X 轴回转，关节 4 和 6 绕 Y 轴回转。通过多关节的联动，执行件能迅速、准确地到达作业空间中的任何方位。

图 5-14　平面关节式工业机器人　　图 5-15　多关节式工业机器人　　图 5-16　机器人关节自由度分析

2. 关节式工业机器人减速器

由于工业机器人动作的速度和力矩变化幅度大，对机械装置的体积要求紧凑，普通减速传动机构满足不了要求，多关节式工业机器人的减速器要求体积小、减速比大、输出转矩和速度变化范围大、定位精度高、回差（即空载和负载切换产生的关节转角变化）小。图 5-17 所示为关节式工业机器人驱动装置解体图。

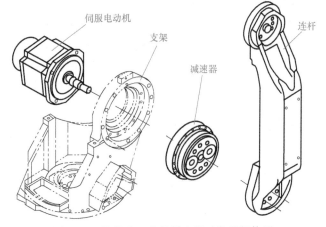

图 5-17　关节式工业机器人驱动装置解体图

从工业机器人制造成本分析，一台 6 关节工业机器人成本结构大致如下：本体 22%、伺服系统 25%、减速器 38%、控制系统 10% 及其他 5%，由此可见减速器占工业机器人的成本比重最大。

目前能在多关节式工业机器人上使用的减速器有谐波齿轮减速器和 RV 减速器两种，现做简介如下：

（1）谐波减速器　谐波减速器外形和工作原理分别如图 5-18a、b 所示，主要由刚轮、柔轮和谐波发生器等主要构件组成。与行星轮系相比，刚轮是一个带有内齿圈的刚性齿轮，相当于行星轮系中的中心轮；柔轮是一个带有外齿圈的柔性齿轮，相当于行星齿轮；谐波发生器相当于行星架 H。实际使用时，通常采用谐波发生器主动、刚轮固定、柔轮输出的传动形式。

谐波发生器是一个杆状部件，其两端装有滚动轴承构成滚轮，与柔轮的内壁相互压紧。柔轮为可产生较大弹性变形的薄壁齿轮，其内孔直径略小于谐波发生器的总长。谐波发生器是使柔轮产生可控弹性变形的构件。当谐波发生器装入柔轮后，迫使柔轮的剖面由原先的圆形变成椭圆形，其长轴两端附近的齿与刚轮的齿完全啮合，而短轴两端附近的齿则与刚轮完全脱开。周长上其他区段的

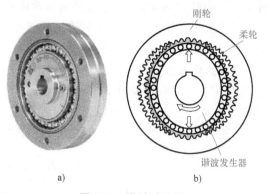

图 5-18　谐波减速器
a）外形　b）工作原理

齿处于啮合和脱离的过渡状态。当谐波发生器沿图 5-18b 所示方向连续转动时，柔轮的变形不断改变，使柔轮与刚轮的啮合状态也不断改变，啮入、啮合、啮出、脱开，再啮入……周而复始地进行，由于刚轮和柔轮存在齿数差（刚轮齿数大于柔轮齿数），柔轮相对刚轮沿谐波发生器相反方向的缓慢旋转，从而实现了大传动比减速，减速比为刚轮齿数与刚、柔轮的齿数差之比。

谐波减速器具有以下优点：

1）承载能力高。谐波传动中，齿与齿的啮合是面接触，加上同时啮合齿数比较多（重叠系数大），因而单位面积载荷小，承载能力较其他传动形式高。

2）传动比大。单级谐波齿轮传动的传动比 i 可达 70～500。

3）体积小、重量轻、传动效率高、寿命长。

4）传动平稳、无冲击、无噪声、运动精度高。

5）由于柔轮承受较大的交变载荷，因而对柔轮材料的抗疲劳强度、加工和热处理要求较高，工艺复杂。

谐波减速器的主要缺点是回差较大，也就是从动件在空载和负载状态下的转角不同，由于输出轴的刚度不够大，造成负载卸荷后有一定的回弹，如果将谐波减速器安装在工业机器人的传动路线开始端附近，这种回差将以放大倍数的形式传递到末端，使得机械手的动作误差大幅度加大。所以谐波减速器在机器人的末端姿态轴上应用较多，主要是控制离执行器较近地方即手腕部的姿态。

（2）RV 减速器　RV 为 Rotate Vector（旋转矢量）的缩写，RV 减速器由一组摆线针轮和行星支架组成，故又称其为摆线针轮减速器。拆掉输入轴与输入齿轮后，其正、反面外形分别如图 5-19a、b 所示。这种减速器具有体积小、抗冲击力强、转矩大、定位精度高、振动小、减速比大等优点，广泛应用于工业机器人等领域。

RV 减速器克服了谐波减速器回差精度低的缺点，具有比谐波减速器高得多的疲劳强度、刚度和寿命，并且避免了谐波传动随着使用时间增长运动精度显著降低的现象，故高精度机器人传动多采用 RV 减速器，在多关节式先进机器人传动中有逐渐取代谐波减速器的发展趋势。

图 5-20 所示为 RV 减速器传动简图，可分为两个减速部分：

第一减速部分为正齿轮减速机构。输入齿轮 1 带动正齿轮 2（相当于行星齿轮机构的太阳轮），按齿数比 z_2/z_1 进行减速。其传动结构如图 5-21 所示。

第二减速部分为 RV 齿轮减速机构，其传动原理如图 5-22 所示，现结合图 5-20 分析如下：正齿轮 2 与曲柄轴 3 相连接，成为第二减速部分的输入端。安装曲柄轴 3 的为输出

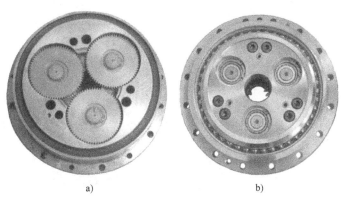

图 5-19　RV 减速器

a）正面　b）反面

盘 6（相当于行星轮架）。在曲柄轴 3 的偏心部分，用滚动轴承安装摆线齿廓的 RV 齿轮 z_4。在针齿壳 7 内侧为装有等分圆柱的内针齿 5，其齿数 z_7 仅比 RV 齿轮的齿数 z_4 大 1。

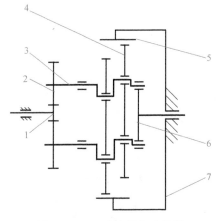

图 5-20　RV 减速器传动简图

1—输入齿轮　2—正齿轮　3—曲柄轴　4—RV 齿轮
5—内针齿　6—输出盘　7—针齿壳（机架）

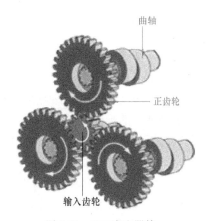

图 5-21　RV 减速器第一
减速部分传动结构

RV 减速器通常将针齿壳 7 与机器人固定支架连接，将安装曲柄轴 3 的输出盘 6 与机器人转臂连接。转动正齿轮时，RV 齿轮随曲柄轴的偏心运动做偏心平面运动（自转与公转）。此时如果曲柄轴转动一周，由于 z_4 与 z_7 相差 1，RV 齿轮就会沿与曲柄轴转动的反方向转动一个齿，即实现了大减速比的减速传动。

设 i_{26} 为第二减速部分的减速比，按行星轮系传动比计算方法可得减速比为

$$i_{26} = 1 + z_7/(z_7 - z_4)$$

因 $z_7 - z_4 = 1$，故减速比 $i_{26} = 1 + z_7$。

设 RV 减速器的总减速比为 i_{16}，则

$$i_{16} = 1 + z_2 z_7/z_1$$

以某型号的 RV 减速器为例，$z_1 = 12$，$z_2 = 30$，$z_7 = 40$，则总减速比为 101。

为了使整个机构受力对称，径向力相互抵消，通常安装 180°方向错位的两个 RV 齿轮，同时

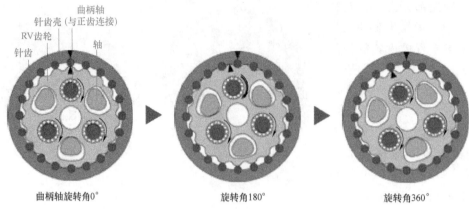

曲柄轴旋转角0°　　　　旋转角180°　　　　旋转角360°

图 5-22　RV 齿轮减速机构传动原理

设计形状完全相同的 2~3 对正齿轮-曲轴机构，使得整个减速器的刚度提高，受力状况改善。

为了减小体积，RV 减速器的输入和输出端通常在减速器的同一侧，实际传动机构的布局与图 5-19 所示有所不同。

三、机器人执行件

机器人执行件（即手爪部分）需要完成工件的抓取（并安装新工件）、运离机床、放置工件等一系列复杂动作，由于工件的形状多样性、体积、材料、质量和运动轨迹等的不确定性，工业机器人的终端即执行件通常需要进行非标准设计，以达到上下料过程的准确、快速、可靠等要求。执行件对工件的夹紧与松开、旋转等动作的驱动动力通常单独提供，常用液压、气动和电磁驱动等形式。

图 5-23 所示为气动自定心三爪机械手，其内部为一气缸和斜楔机构，类似于数控车床主轴液压夹紧机构，控制气管中的压缩空气流向，即可控制三爪的径向移动方向，实现夹紧或松开工件。

图 5-24 所示为各种类型的机器人执行机构（机械手），从各自外部形状可以大致判断其抓握工件的类型和功能。

图 5-23　气动自定心三爪机械手

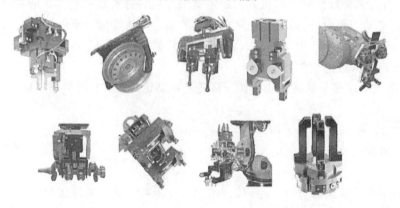

图 5-24　各种类型的机器人执行机构（机械手）

习　题

1. 数控机床电主轴单元与传统的主传动装置相比，有哪些突出的优点？又存在哪些技术问题？

2. 解释直线电动机进给装置装配时需要重视隔磁问题的原因。

3. 并联式数控机床没有直线型导轨，刀具是如何实现直线运动的？

4. 工业机器人从驱动电动机轴到转臂（或摇臂）为何不采用蜗杆-蜗轮进行大减速比传动？

5. 工业机器人常采用谐波减速器和 RV 减速器，简述这两种减速器的传动原理、各自的特点及使用场合。

第六章

数控机床精度

 学习导引

机床的基本功能就是加工工件,机床的精度高低直接决定了工件加工精度的高低。了解机床精度的各项指标,用合理的检测方法检测机床精度是保证机床加工精度、提高机床使用性能的重要措施。

 学习目标

通过学习本章,学生应建立数控机床精度的概念,了解并初步掌握数控机床精度的内容、常用的重要精度指标的含义与检测方法,从而为数控机床的销售、选购和使用维护提供必要的基础知识和技能。

 学习重点和难点

重点为与数控机床精度有关的术语、指标含义的认知,精度检测实践教学中的各种基本工量具的使用技能;难点为机床精度项目的理解,机床误差与加工误差的关系分析。

第一节　数控机床精度概述

机床的加工精度(简称机床精度)是衡量机床性能的极其重要的指标。影响机床精度的因素有机床本身的精度、机床工艺系统(工件-夹具-刀具)的变形以及加工过程中产生的振动、机床部件磨损等。机床精度按其检测条件可分为静态精度和动态精度两大类。

一、机床的静态精度

机床静态精度是指机床在空载条件下静止或低速运行时检测到的精度,包括机床的几何精度、传动精度和位置精度等。机床静态精度主要取决于机床上的重要部件,如主轴、丝杠螺母、导轨等的制造精度和装配精度。

1. 机床几何精度

机床的几何精度是保证加工精度最基本的条件。机床几何精度包括:

1)机床各主要零件的形状精度,如机床工作台面的平面度、导轨的直线度等。

2)机床各部件之间的相互位置与相对运动轨迹精度,如主轴轴向窜动和径向圆跳动、工作台移动的平行度等。

2. 机床传动精度

机床传动精度是指机床内联系传动链两末端件之间的相对运动精度。对于两端件为回转-回转式传动链，需要规定传动角位移误差，对于两端件为回转-直线式传动链，需要规定传动路线位移误差。传动精度主要取决于传动链各元件特别是末端件（如蜗轮或丝杠）的加工和装配精度以及传动链设计的合理性。

3. 机床位置精度

机床位置精度是指机床运动部件在所有坐标中位置的准确程度，又称为机床定位精度。机床运动部件实际位置与目标位置的偏差称为定位偏差。定位精度的评定项目包括定位精度、重复定位精度和反向差值。

对于普通机床而言，机床刀具与工件的相对位置精度取决于操作者使用进给机构操纵手柄刻度盘的对准程度，所以普通机床不需要设立机床定位精度指标。

对于数控机床而言，数控机床的定位精度决定了工件的加工精度和机床精度的稳定性。

4. 机床精度保持性

机床精度保持性是指机床在其生命周期（从新机床开始使用到报废）内保持其原始精度为合格精度的能力。该项指标由机床某些关键零件（如主轴、导轨、丝杠）等的首次大修期决定。为了提高关键零件的耐磨性，必须注意选材、热处理、润滑和防护等。对高精度机床，精度保持性是一项重要的评价指标。

二、机床的动态精度

机床的动态精度是指机床在受载荷状态下工作时，在重力、夹紧力、切削力、各种激振力和正常温升作用下检测到的机床精度，由于检测条件与机床工作状态相似，故又称为机床工作精度。

由于机床部件在切削力和夹紧力的作用下会产生弹性变形，机床内部的热源和环境温度变化又将引起机床部件的热变形，所以机床的动态精度除了与机床静态精度有密切关系外，还在很大程度上取决于机床的刚度、减振性和热稳定性。

由于机床动态精度检测难度大，所以通常以加工规定试件所达到的加工精度（即机床的工作精度）作为对机床动态精度的衡量，因此可用机床的工作精度来间接地综合评价机床动态精度。

第二节　数控机床精度检测

一、检测前的准备工作

根据 GB/T 17421.1—1998《机床检验通则　第 1 部分：在无负荷或精加工条件下机床的几何精度》要求，机床检验前必须将机床安装到适当的基础上并调平机床，使机床达到要求的状态，检验前应使机床润滑和温升尽可能处于正常工作状态。根据使用条件和制造厂商的规定将机床空运转，使与温度有关的零部件达到适当的温度。几何精度检验可在机床静态下进行，或在机床空运转时进行。

二、数控机床几何精度检验

数控机床几何精度综合反映了机床主要零部件组装后线和面的形状、位置或位移误差。为了对机床所规定的线和面的形状特征、位置或位移进行几何精度检测，本节主要介绍数控机床几何精度检测常用基本量具、检测项目和检测方法。

（一）机床精度检测常用基本量具

常用的基本量具主要有指示表和理想形状量具两大类，前者通过与工件被测表面接触并做相对运动，测出被测表面与指示表的微小变动，进行放大显示后可读出变动示值；后者则与机床的测量表面接触，用量具的精确表面和角度体现机床含形状误差的实际表面，通常作为位置误差检测时体现被测要素或基准要素。

1. 指示表

（1）百分表　百分表外形如图 6-1a 所示，分度值为 0.01mm，传动与放大原理如图 6-1b 所示，当被测表面上升或下降时，测杆 1 的齿条做上下移动，带动小齿轮 2 与大齿轮 3 转动，大齿轮 3 带动小齿轮 4 转动，从而使指针 5 转动。大齿轮 6 上盘有卷簧 7 使传动始终处于无间隙状态。这种传动方式的放大倍数为 100，故称为百分表；如果传动机构的放大倍数为 1000，则称为千分表。

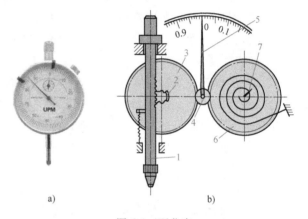

图 6-1　百分表

a）外形　b）传动与放大原理

1—测杆　2、4—小齿轮　3、6—大齿轮　5—指针　7—卷簧

百分表的使用方法如图 6-2a 所示，必须使测杆如图 6-2b 所示垂直于被测表面，否则将产生测量误差。

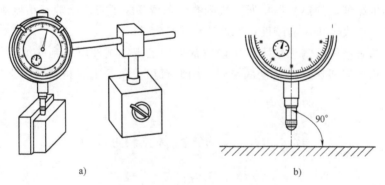

图 6-2　百分表的使用

a）使用方法　b）测杆必须垂直于被测表面

（2）杠杆式指示表（简称杠杆表）　杠杆表（图 6-3a）以其体积小、使用灵活，而在机床精度检测中获得广泛应用，其测量放大倍数为 100 或 1000。图 6-3b 所示为机械式杠杆表结构，主要为一组杠杆铰链传动与齿轮放大机构。设测头与被测表面接触，若垂直于测杆方向有变动，则会带动测杆-拨杆做摆动，拨杆通过扇形齿轮 z_1 上的拨销 1 或拨销 2 带动扇

形齿轮 z_1 摆动，从而带动组合齿轮 z_2 与 z_3 转动，z_3 与中心齿轮 z_4 为一对端面啮合齿轮，后者与指针连接。测杆与拨杆之间通过端面摩擦力连接，夹角可在 $90°\sim180°$ 内调节。

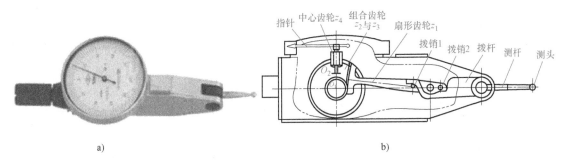

图 6-3　杠杆表
a）实物　b）机械式杠杆表结构

杠杆表的使用方法如图 6-4a 所示，其测杆必须和被测表面保持平行，读数值和实际值才会一致。如果测量条件无法保持平行，允许与被测表面的夹角小于 $25°$，如图 6-4b 所示，需将测量读数值进行修正。

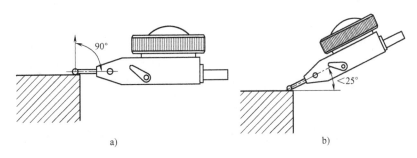

图 6-4　杠杆表的使用
a）使用方法　b）测杆与被测表面夹角<25°

（3）磁性表架　各种指示表都需要固定方位才能使用，这种能将指示表在空间任意方位固定的辅具称为磁性表架。图 6-5a 所示的磁性表架只需拧紧一个手柄即可将安装杆的多个关节同时紧固，使指示表固定于空间任意姿态。

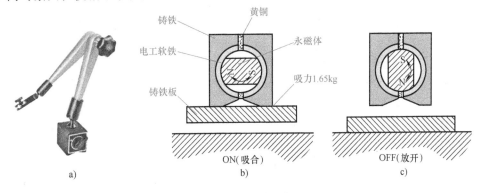

图 6-5　磁性表架及其工作原理
a）实物　b）、c）工作原理

磁性表架的表座材料通常为铸铁，内部装有一块永久磁铁，表座嵌有上下两片绝磁体黄铜。当表座上的旋钮打在 ON 位置上时，表座内永久磁铁位置如图 6-5b 所示，磁力线从磁铁的 N 极发出，经过表座—表座下的金属—表座—S 极形成磁力线回路，表座就与相接触的金属吸合；当表座上的旋钮打在 OFF 位置上时，表座内永久磁铁位置如图 6-5c 所示，N 极和 S 极都正对着铜片，磁力线被阻断，表座与金属立即脱离。

2. 理想形状量具

理想形状量具通常为一些形状简单但制造精度很高的几何体，如平尺、方尺、角度尺和平板等。上述理想形状量具的材料有花岗岩和铸铁两种，前者经过精密研磨，后者经过刮研。

由于主轴锥孔等一些内表面与指示表测头接触困难，所以可安装专用检验棒将内表面转变成外表面并具有延伸表面以便于检测，检验棒的几何形状和位置制造精度都很高。检验棒也属于几何要素的理想形状量具。

（二）机床精度常用检测项目及检测方法

1. 机床几何精度

卧式数控车床几何精度应符合 GB/T 16462.1—2007 规定的检测项目和方法，数控铣床几何精度应符合 GB/T 20957.2—2007 规定的检测项目和方法。在此仅对典型的检测项目示例说明。

（1）导轨的直线度　导轨直线度检测如图 6-6 所示，图 6-6a 所示为水平面内直线度检测，图 6-6b 所示为垂直面内直线度检测，活动导轨沿固定导轨移动，记录指示表的一系列读数即为检测结果，需要对检测结果进行数据处理才能得出符合最小条件的直线度误差值。

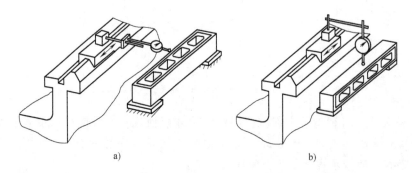

图 6-6　导轨直线度检测
a）水平面内　b）垂直面内

（2）主轴轴线与坐标轴的平行度　图 6-7 所示为数控车床主轴轴线与 Z 轴轴线的平行度检测，图 6-8 所示为数控铣床主轴轴线与 Z 轴轴线的平行度检测。在主轴锥孔内安装检验棒，将指示表分别安装在检验棒表面的 a 和 b 位置，大滑板（数控铣床为主轴箱）沿 Z 方向移动，指示表的读数变动量即为移动范围内的平行度误差。其中 a 和 b 位置分别为主轴轴线与 Z 轴所在平面和垂直面内的平行度检测方向。

（3）坐标轴之间的垂直度　图 6-9 所示为数控铣床 X 轴与 Y 轴的垂直度检测，先将直角尺平放在工作台上，指示表表头与直角尺一边接触，移动 X 轴，并调整直角尺的位置，使 X 轴与直角尺的边平行，将指示表换到直角尺的另一条边，移动 Y 轴，指示表指针的变动量即为 X 轴与 Y 轴之间在直尺边长范围内的垂直度误差。对于大型机床，立柱导轨与水平导轨的垂直度可用图 6-10 所示的方法检测，用框式水平仪的垂直边与立柱导轨贴合读出水准泡读数，再将框式水平仪放置在水平导轨平面上，读出水准泡读数，即可计算出两个位置间的垂直度误差。

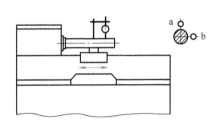

图 6-7　数控车床主轴轴线与
Z 轴轴线的平行度检测

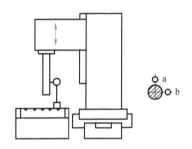

图 6-8　数控铣床主轴轴线与
Z 轴轴线的平行度检测

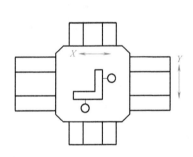

图 6-9　数控铣床 X 轴与 Y
轴的垂直度检测

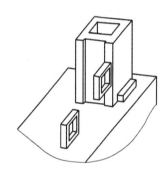

图 6-10　立柱导轨与水平
导轨的垂直度检测

（4）主轴轴线跳动　图 6-11 和图 6-12 所示分别为数控车床和数控铣床的主轴径向圆跳动检测。先将检验棒装入主轴锥孔内，然后将指示表分别安装在靠近主轴端面 a 和检验棒端部位置，转动主轴，读出指示表跳动量，即为该主轴在指定位置的径向圆跳动误差。

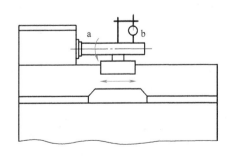

图 6-11　数控车床主轴径向圆跳动检测

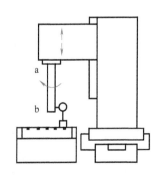

图 6-12　数控铣床主轴径向圆跳动检测

图 6-13 所示为主轴轴线的轴向跳动量检测，检测前需先在主轴中心孔（或主轴心轴中心孔）内安装一个小钢球（可用少量润滑脂黏住），并将指示表更换成平顶式表头，与钢球接触后转动主轴即可读出主轴轴线的轴向跳动量。用手来回推拉主轴，还可测出主轴轴向窜动量，作为调整主轴轴承间隙的数据。

（5）主轴轴线与工作台表面的垂直度　数控铣床主轴轴线与工作台表面的垂直度检测如图 6-14 所示，需要将指示表安装到主轴上，将平尺用精密等高块垫高，与 X 轴保持平行，转动主轴，指示表在 b—b 位置的读数差即为主轴轴线在 X 方向与工作台表面的垂直度误差，再将平尺和等高块转 90°布置，用同样的方法在 a—a 位置可以测出主轴轴线在 Y 方向与工作台的垂直度误差。需要注意的是回转直径的大小要应符合检测标准规定，否则就需要通过计算修正测量结果。

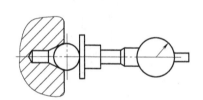

图 6-13　主轴轴线的轴
向跳动量检测

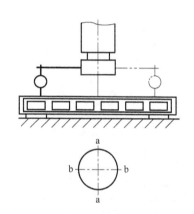

图 6-14　数控铣床主轴轴线与
工作台表面的垂直度检测

以上为数控机床几何精度典型项目的检测方法分析，对于主轴相互有关联的几何精度项目必须综合调整，使之都符合精度要求。如立式加工中心的轴和轴方向移动的垂直度误差较大，则可以调整立柱底部床身的支承垫铁，使立柱适当前倾或后仰，以减小这项误差。但这也会改变主轴回转轴线对工作台面的垂直度误差，因此必须同时检测和调整，否则就会由于某项几何精度的调整造成另一项几何精度不合格。

2. 机床位置精度

数控机床的位置精度是指机床各运动部件在数控装置控制下所能达到的运动精度。通过实测的运动位置数值，可以判断出该机床以后在自动加工中所能达到的最高加工精度。

其中的定位精度是指在机床数控装置控制下，机床运动部件实际到达的位置与理论位置之差；重复定位精度是指在机床数控装置控制下，重复执行多个相同的指令机床运动部件所到达位置的变动范围。重复定位精度代表数控机床运动精度的稳定性。

GB/T 17421.2—2016《机床检验通则 第 2 部分：数控轴线的定位精度和重复定位精度的确定》，对机床的直线运动和回转运动的位置精度评定方法做了规定。其中直线运动的位置精度包括：定位精度、重复定位精度、原点返回精度和失动量；回转轴运动的位置精度包括：定位精度、重复定位精度、原点返回精度和失动量。

数控机床的位置精度不但要进行检测，而且还可以通过检测数据对传动机构的位移进行补偿，从而改善和提高机床的运动位置精度。

常用的机床位置精度检测量仪如下：

（1）步距规　步距规是一种高精度量具，不但可以检测数控机床的定位精度，还可以检测三坐标测量机的位移精度。直线步距规的工作量块有钢制和陶瓷两种，因钢制量块易锈、不易养护且不耐磨损，所以陶瓷量块逐步替代钢制量块。

图 6-15 所示为圆柱步距规，用于数控车床 X 轴直线运动的位置精度检测。图 6-16 所示为直线步距规，用于数控车床的 Z 轴和数控铣床的 X、Y 和 Z 轴的直线运动位置精度检测。

图 6-15　圆柱步距规

图 6-16　直线步距规

（2）激光干涉仪　激光干涉仪利用激光具有的高强度、高度方向性、空间同调性、窄带宽和高度单色性等优点用来测量长度的仪器，主要以迈克尔逊干涉仪为主，并以稳频氦氖激光为光源，构成一个具有干涉作用的测量系统。

激光干涉仪测量范围非常广泛，可测量线性位置、速度、角度、平面度、直线度、平行度和垂直度等几何量和位置量，并可对精密工具机或测量仪器进行校正。双频激光干涉仪的线性精度可达 $0.5\mu m$。

图 6-17 所示为激光干涉仪的测量简图。图 6-18 所示为激光干涉仪的系统组成。

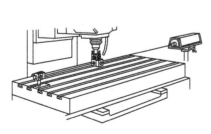

图 6-17　激光干涉仪的测量简图

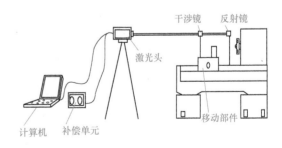

图 6-18　激光干涉仪的系统组成

限于篇幅，本书省略了激光干涉仪的详细使用方法和数据处理方法，详细可参见该仪器的有关操作说明书。

第三节　数控机床精度检测实践

一、机床工作台水平调整

1. 所用的设备和工量具

2. 操作步骤和过程

3. 操作结果

1）机床水平调整要求：0.05/1000，所用的水平仪规格：＿＿＿＿＿/＿＿＿＿＿。

2）实际调整后水平仪读数：纵向：＿＿＿＿＿，横向：＿＿＿＿＿。机床水平度：＿＿＿＿/1000。

二、立式加工中心几何精度检测

1. 所用的设备和工量具

2. 项目检测和检测数据处理

每2~3人为1组，按本书附录所列自选2~3个检测项目进行检测，并填写检测数据，判断该项目的适用性（合格与否）。

习　　题

1. 简述数控机床静态精度包括哪几个方面。数控机床的静态精度与动态精度的检测条件各是什么？

2. 为什么杠杆表使用时测量杆要与被测表面保持平行？有人将0.01mm的杠杆表按图6-4所示的方法使用，测量杆与被测表面成20°，测量读数值为5格，试计算测量修正值，并对读数值进行修正。

3. 水平仪上均装有水准泡管的位置调整机构，以便消除水准泡管的零位误差对测量结果的影响。调整水准泡管位置需要精密水平基准面，但也可以通过计算法在有较小水平误差的平面上进行调整。设一水平仪在某平面长度方向同一位置上测水平度，再转180°测一次，两次测量气泡分别移动 M 格和 N 格，应该如何调整水准泡管的位置？

4. 使用步距规进行数控铣床定位精度检测，重复执行7次相同的位移指令（移动200mm）后，测得一组从零点到某位置的坐标数据为：200.01，200.05，200.02，200.04，200.04，200.03，200.01。试计算从零点到该坐标点的定位精度和重复定位精度。

第七章

数控机床的客户移交

学习导引

数控机床在装配车间总装完成后并不是直接运输到客户的车间投入使用的，期间的一系列技术与销售服务过程称为"机床客户移交"。而在各种客户移交方法中，最受数控机床用户欢迎的是"交钥匙工程"。学习和了解这方面的内容后，学生可以更充分地掌握数控机床的性能，并使机床制造商和客户的利益得以充分保证。

学习目标

了解数控机床客户移交过程的基本知识，掌握机床交钥匙工程的内容、方法与步骤，了解数控机床销售合同与验收等基本知识。

学习重点和难点

数控机床客户移交步骤和主要内容。

数控机床是价格昂贵的高档机电产品，一方面机床制造公司希望自己的产品获得客户认可，另一方面客户也希望用有限的资金购置到性价比高、服务周到的优质产品。目前越来越受市场认可和欢迎的客户移交方法称为"交钥匙工程"，即机床供应商根据客户的需求提供一揽子解决方案。

"交钥匙工程"的硬件方面有机床、工装、刀具、上料和下料装置等；软件方面有加工工艺方案和加工程序等。其目的是让客户拿到机床"钥匙"后立即可以投入使用，生产合格的产品，相比单纯销售机床而不考虑客户使用要求的传统机床销售方法更能吸引客户。

由于"交钥匙工程"涉及工艺方案制订、机床选型与配置、刀具配置、工装（夹具）设计与制造、切削参数选择、加工程序编制等诸多技术环节，所以是一项实践性极强、综合技术要求很高的技术工作。机床制造商不但需要相关技术人员具有相关的理论知识，同时还要具备相当的工程技术实践经验，既要对数控机床的性能、精度、参数了如指掌，又要熟悉加工工艺、刀具、工装夹具、数控编程等多方面的知识。因此，机床制造商不但要制造性价比高的机床产品，还需要一批精通"交钥匙工程"的技术技能人才。

第一节　数控机床客户移交步骤

1. 选择机床厂商

客户在与厂商技术交流之前，首先应该做市场调研工作，以便全面了解数控机床市场与企业的现状。市场调研一般可按如下步骤进行：

查询三家及以上厂家概况→准备调研内容→机床用户调查→汇总结果→实地考察机床制造商的工厂→汇总结果→展会调查→汇总结果→整体论证→选择机床厂商。

选择机床厂商重点之一是售后服务。现今数控机床的同质化程度已经很高，机床市场竞争非常激烈，机床厂商比拼的除了产品的性价比之外就是售后服务。考察售后服务，首先可了解备件供应时间，这一点可从生产厂家的年产量推算，机床的年产量可通过机床协会网站等信息源了解到。

假如某厂家 1 年只售出 10 台以下机床，则如其宣称备件 72h 到位是不可能的。其次是服务响应速度，大部分机床厂宣称 24h 售后服务人员到位，其实可从其服务半径分析：假如杭州客户的机床出现故障，而机床厂最近的服务点在北京，则其承诺的服务响应速度就难以兑现。市场口碑的调查也是非常重要的，所谓"金杯银杯不如用户的口碑"。选购机床时应先了解附近企业使用的相类似的机床，征求机床操作经验丰富的操作者对机床性能的评价。综合上述各方面调研结果后即可选定机床厂商。

2. 图样分析

用户在市场调研的基础上选择了机床厂商后，双方技术人员通常按以下步骤和内容进行图样分析与交流：

1）首先分析用户主要加工件图样中的材料、毛坯类型、表面热处理等技术要求。

2）分析工件的尺寸精度、几何公差和表面粗糙度要求，作为确定选取的机床精度等级的依据。

3）分析工件结构形状，作为定位与装夹定位的依据。

4）分析工件（零件）在产品中的功能要求，对于个别精度要求过高、直接影响机床型号选购的工件参数可与客户重新审视分析，在不影响产品功能并征得加工产品的客户同意的前提下做适当调整，以降低数控机床的精度要求，从而降低采购机床的成本。

3. 制订工艺方案

通过对图样的分析为制订工艺方案打下基础。工艺方案的制订要统筹考虑，最关键的是使指定的工艺方案能有效执行，有时要制订多套方案并从中选优。

在制订工件的装夹定位方式及刀具的初步方案时，首先要考虑面与面之间的干涉条件是否满足。如加工过程中刀具与工件、卡盘及工装的干涉；特别是满刀位加工时，特殊刀具、加长刀具等干涉情况；中心架与防护罩的干涉；刀架与尾座的干涉等，必要时需绘制机床加工运行干涉图进行分析。

其次考虑夹具的定位与夹紧方式。从零件的结构与加工表面确定装夹部位，设计时应根据用户要求和在该机床上的实现程度来确定；夹具的夹紧、定位有多种形式，设计工艺方案时要综合考虑，在保证加工精度的前提下，以定位夹紧可靠、夹具结构简单、制造使用方便为基本原则。

对有节拍要求的加工零件，要考虑为满足相应的节拍，提高主轴转速、进给速度，加大切削用量后，计算出机床各坐标轴的转矩、功率要求。

4. 配置合理的刀具及切削参数

根据工艺方案中配置的切削刀具类型进一步确定刀具规格或刀片型号，可从以下两方面入手：

（1）根据工件的材料确定刀具　刀具大致可按工件材料分为三类：

1）用于切削钢件的刀具。工件材料可包括低合金钢、高合金钢、非合金钢、铸钢。

2）用于切削铸铁的刀具。工件材料可包括灰铸铁、球墨铸铁、铝合金等。

3）用于切削难加工材料的刀具。工件材料可包括不锈钢、耐热合金、钛合金等。

（2）根据工件加工阶段划分（粗、半精、精加工）选择不同结构形式的刀具（如以数控车床的外圆刀片夹紧方式为例）　螺钉压紧，适用于轻切削、精加工，正前角刀片；杠杆式压紧，适用于一般情况下的切削，负前角刀片；螺钉上压式夹紧，适用于一般情况下的切削，负前角刀片；楔块刚性夹紧，适用于恶劣环境下的强力切削，负前角刀片。

（3）切削液加注方式　对于难加工工件材料或选择了较高切削速度的工艺方案，可考虑中空式刀具，切削液从刀具空心的内部注射在切削区域，冷却效果很好，因此需要选择机床主轴具有出水功能与其配套。

（4）刀柄类型选择　根据工艺方案中的加工尺寸和工艺参数，预估常用机床转速的范围，从而确定刀柄的类型。值得指出的是，不同刀柄类型关系到机床主轴内孔结构的不同，一旦选定不能修改，刀柄类型需要在慎重考虑后确定。

5. 机床的选型

加工工艺方案确定后即可确定机床类型、规格和技术参数。数控机床选型要考虑以下几个方面：

1）首先根据工艺方案选择数控机床类型，如果数控铣床或加工中心均能实现加工要求，则以满足生产节拍为前提进行选择，选择加工中心时还需分析机床的换刀速度、交换工作台时间等。

2）根据零件加工尺寸及工装尺寸确定各坐标轴的行程和工作台面积，如是回转类零件，则确定回转空间尺寸及坐标轴的数量等，从而确定机床的规格参数。

3）根据加工零件的材料、余量确定机床各轴的功率、输出转矩、机床的刚性要求等，选择同一类型下的机床规格参数。

4）刀柄型号、数控系统等尽量选择与客户现用的机床一致，有利于实现设备标准化管理，减少机床备件库存，方便维修。

5）根据加工需要以及可能使用的加工范围确定机床附件，根据易损易耗经验确定机床备件。

6. 签订机床购销合同

对于小型单台数控机床的采购，双方在上述技术交流和充分协商后，企业可直接与厂商签订机床购销合同。对于大型或价格较高的机床或国家投资项目，需要按照国家规定进行公开招投标才能与中标的厂商签订购销合同。

（1）工业品招投标知识　所谓的招投标是指"按照预先规定的条件，对外公开邀请符合条件的制造商或承包商报价投标，选出价格和条件优惠的投标者与其签定合同"。

用户在进行机床市场调研后编写招标文件进行公示，招标文件主要内容有招标项目概况、投标须知、投标方法、设备清单、对设备的要求、招标设备商的商务要求及资格等。在投标须知中有对标书词语解释，投标文件格式要求，开标要求以及评标委员会的评标方法，对定标、中标合同、保证金及中标服务费的解释等。评标方法主要内容有分值分配、评标程序、对投标文件的初审、综合评估打分、排序等。在招标设备技术要求中，要说明机床名称、数量、用途及主要参数，其中有对系统的要求、对主机的要求、对机床附件的要求、对调试验收的要求、对客户培训的要求等。

按照国家规定，公开招标需有三家及以上的厂商投标，该次招标方能有效。如各厂商都能满足在标书中的重要技术条件，经专家组评标后原则上报价最低的厂商将中标。

（2）机床购销合同　除外商和境外投资者企业以外，国家有统一的机床购销合同样本，示例如下：

机床购销合同

需方（甲方）：　　　　　　　　　　　　　　合同编号：

供方（乙方）：　　　　　　　　　　　　　　签订地点：

双方经友好协商签订如下合同：　　　　　　　签订时间：　　年　　月　　日

一、产品名称、规格、型号、数量、金额、交货时间等。

序号	名称、规格、型号	单位	数量	单价(元)	金额(元)	交(提)货日期	附注
合计金额(人民币大写)：							

二、质量要求、技术标准（国际标准/国家标准/行业标准/企业标准/用户要求）。

三、供方对质量负责的条件和期限：质量"三包"期限＿＿＿年。

四、交货方法、交货地点：＿＿＿＿＿＿＿。

五、运输方式、到达站港及费用负担：采用＿＿＿运输方式（①汽车运输②火车运输③其他）运达地为＿＿＿＿＿＿＿＿＿；全部运输过程所需保险采用＿＿＿＿＿（①供方代为投保②需方自行投保③不投保）；交货过程中产生的费用由＿＿＿＿＿（①供方②需方）承担。

六、到货地点及接货人：＿＿＿＿＿＿＿＿＿。

七、产品验收地点、方法及提出异议期限：由需方按本合同约定标准及本合同附件验收，有质量异议在收货后十日内提出，需方未在上述期限内提出异议视为需方验收合格。

八、结算方式及期限：

1. 合同签订＿＿＿＿日内需方预付货款总额的＿＿＿＿＿%定金，即需方预付＿＿＿＿＿元后本合同生效；需方支付货款总额的＿＿＿＿%即＿＿＿＿＿元后，供方＿＿＿＿＿日内发货；需方收货并验收合格后＿＿＿日内付清余款＿＿＿%即＿＿＿＿＿元。

2. 其他结算方式及期限：＿＿＿＿＿＿＿＿＿。

九、需方须将本合同项下的所有款项支付到供方指定的账户上，如以现金方式支付须事先征得供方财务部门书面同意。所有货款未结清之前，本合同项下货物所有权不发生转移。

十、违约责任

1. 任何一方违反本合同约定均应向对方支付合同总额5%的违约金。

2. 逾期交货或逾期付款的一方应按逾期部分金额每日万分之四比例向对方支付迟延履

行金。

……

十一、解决合同纠纷的方式：友好协商解决，协商不成，任何一方有权向法院提起诉讼。

十二、如需提供担保，另立合同担保书，作为本合同附件。

十三、其他约定事项：＿＿＿＿＿＿＿＿＿＿＿＿＿＿＿＿＿＿＿＿＿。

＿＿＿＿＿＿＿＿＿＿＿＿＿＿＿＿＿＿＿＿＿＿＿＿＿＿。

十四、本合同生效条件：＿＿＿＿＿＿（①该合同经当事人双方签字盖章后生效②按本合同第八条的约定）。

十五、甲、乙双方已对本合同的所有条款进行了充分、友好协商，双方承诺对本合同无任何异议。

十六、本合同一式四份，双方各执两份，每份具有同等法律效力。

十七、本合同履行期间，甲乙双方均不得随意变更或解除合同。

未尽事宜，双方协商一致并另行签订补充协议，补充协议与本合同具有同等法律效力。

需方：	供方：
地址：	地址：
委托代理人：	委托代理人：
邮编：	邮编：
电话：	电话：
传真：	传真：
开户行：	开户行：
账号：	账号：

签订了机床购销合同即从法律上确定了客户与厂商的供货与购买关系。

7. 机床下单生产及刀具采购等

小型机床通常厂商有现货供应，一般情况下厂商需要在签订合同后根据合同交货日期安排非标准大件加工后进行机床装配，才能提供新机床。此外厂商还要根据合同进行刀具采购与工装制造等外包事项。

8. 机床的验收

机床的验收见本章第三节内容。

第二节　数控机床客户移交实例

本节以机床客户移交的一个实际项目为例简单介绍交钥匙工程的内容与步骤，其中客户方为山东某汽车配件公司，机床制造方为杭州友佳精密机械有限公司。客户采购数控机床的主要目的为加工该公司的主打产品汽车起重液压泵的左泵体，如图7-1所示。

根据市场调研，客户选择了杭州友佳精密机械有限公司为机床制造厂商，双方进行充分的技术交流后确认以下内容：

1. 图样分析

主要工件左泵体为形状较复杂的壳体类铸件，加工表面由两组平行轴线组成的孔系和接

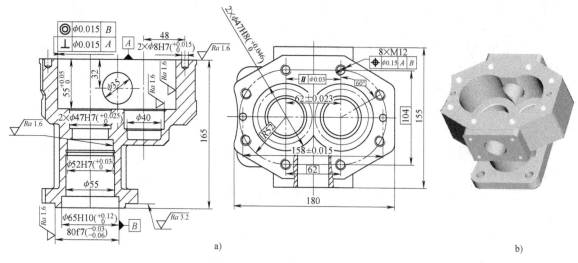

图 7-1 汽车起重液压泵的左泵体

合平面、底面等组成。孔系尺寸公差等级为 IT7~IT8，定向几何公差可由工艺和机床保证，重要表面的表面粗糙度值为 $Ra1.6$~$3.2\mu m$。

2. 制订工艺方案

结合左泵体的图样和实物图可知，该工件主要加工面由输入端（主视图下方）方形法兰和孔系、接合面和两个"8"字形不完整孔、接合面上的连接孔、定位销孔和输出端的油孔等组成。其大致工艺路线如下：

1）粗铣接合面，输出端平面，普通铣床。

2）铣方形法兰端面，普通铣床。

3）精铣、镗除输出端孔以外的接合面及全部加工表面，立式加工中心。

4）粗、精车输入端法兰和孔系，数控车床。

5）钻方形法兰连接孔，钻床。

6）钻输出端孔，钻床。

所要购买的立式加工中心需要完成第 3 道工序，即精铣接合面，粗精镗中心距为（62±0.033）mm 的 2×φ74H8 孔，钻、扩、铰中心距为（158±0.015）mm 的 2×φ8H7 定位销孔，钻、攻 8×M12 螺孔等。

由上述分析可知，要批量加工该工件，其工作台大小要考虑双件同时加工的工装尺寸，至少需要 600mm×400mm，工作台 X、Y、Z 行程一般，机床定位精度要小于 0.02mm，机床刚性要好，刀库容量为 20 把左右。

3. 配置合理刀具及切削参数

根据工艺方案中配置的切削刀具为面铣刀，粗、精镗刀，钻、扩、铰等常规刀具，不再赘述。

初步选用杭州友佳精密机械有限公司生产的 VM40SA 型立式加工中心，该机床有如下特点：

1）机身及主要铸件采用高级密烘铸铁制成，材质稳定，确保长期使用不变形，主结构采用有限元分析软件设计，达到最佳的分析设计结果，保证最佳刚性及稳定性。

2）立柱底部采用"A"字形特殊强化设计。

3）优质的机身结构，配合高速化的伺服传动系统，快速移动速度可达 36m/min。

4）伺服马达直接驱动滚珠丝杠，经过预拉处理，确保进给传动系统的刚性及精密度。

5）主轴头配重加装移动导轨，可避免配重块上下移动时产生晃动，导致影响加工品质。

6）Y 轴导轨跨距为 634mm，Z 轴导轨跨距为 370mm，提高鞍座与主轴头移动时的稳定性。

7）带传动式主轴提供 8000r/min 的转速。特殊设计的主轴轴承配置，刚度与速度的最佳组合。

VM40SA 型立式加工中心的主要技术参数见表 7-1。

表 7-1　VM40SA 型立式加工中心的主要技术参数

行　程	参　数
X 轴行程	1000mm
Y 轴行程	500mm
Z 轴行程	505mm
主轴鼻端至工作台面距离	100~605mm
主轴中心至立柱导轨面距离	560mm
工作台面至地面距离	920mm
工作台中心至导轨面距离	300~820mm
工作台	参　数
工作台面积	950mm×520mm
工作台最大荷重	500kg
T 形槽	18mm×5mm×100mm
主轴转速	8000r/min
主轴孔锥度	BT40
主轴功率	7.5kW/11kW
进　给	参　数
X 轴快速进给	36m/min
Y 轴快速进给	36m/min
Z 轴快速进给	28m/min
自动换刀	参　数
换刀时间（刀对刀）	斗笠式或刀臂式选一
斗笠式	7.1s
刀臂式	2.2s
刀具数量	22 把（24 把）
刀柄拉钉	P40T（45°）
最大刀具质量	7kg
最大刀具长度	300mm
最大刀具直径	80mm
最大刀具直径（无相邻刀）	150mm

（续）

其 他	参 数
占地面积	2530mm×2185mm
机器质量	5800kg
最大机器高度	2800mm
电力容量	20kV·A
气压源	0.6~0.8MPa

经客户和机床制造商充分协商后签订如下购销合同：

机床购销合同

出卖人：杭州友佳精密机械有限公司　　　　　合同编号：×××××

买受人：山东××××有限公司　　　　　　　签订地点：××市

一、标的、数量、价款及交（提）货时间　　签订时间：20××年×月×日

标的名称	规格、型号	生产厂家	单位	数量	单价	金额	交货时间
立式加工中心	VM40SA	杭州友佳精机	台	1	××万元	××万元	收到预付款45天内在出卖人厂内完成初验收后，7日内货到买受人厂内
合计人民币金额(大写)：×万×仟元整							

二、质量标准：按国家、行业标准和20××年×月×日的设备招投标书及双方签订的技术协议。

三、出卖人对质量负责的条件：三包期自设备验收之日起一年。

四、包装物的供应与回收：由出卖人免费包装，包装物不回收。

五、随机备品、配件、工具数量及供应办法：按双方签订的技术协议要求及说明书。

六、标的物所有权自移交买受人起转移，但买受人未履行支付价款义务的，标的物属于出卖人所有。

七、交（提）货方式、地点、运输方式及费用负担：出卖人负责将设备免费汽运至买受人厂区内，运费出卖人承担。

八、检验标准、方式、地点及期限：按照国家、行业标准和20××年×月×日的设备招投标书及双方签订的技术协议，在出卖人现场接到卖方通知之日起七日内完成预验收，在买受人厂内七日内完成终验收交钥匙。

九、成套设备的安装与调试：在买受人厂内由出卖人免费调试。

十、结算方式、时间及地点：合同生效后，预付30%款；预验收合格，出卖人发货前再付30%款；在买受人厂内完成安装调试终验收合格，且出卖人开具全额增值税发票，买受人收到发票后七日内支付30%款和保证金；质保金10%保修期满后七日内付清。

十一、违约责任：逾期交货或者交付质量不符合约定延误交付期限的，每拖延一天，按合同总额的5‰扣除出卖人违约金。

十二、合同争议的解决方式：本合同在履行过程中发生的争议，由双方当事人协商解决；协商不成，诉讼解决，诉讼管辖权在原告方所在地人民法院。

十三、本合同一式五份，出卖人二份，买受人三份，自双方签字盖章起生效。

十四、其他约定事项：

1. 20××年×月×日双方签订的技术协议与设备招投标文件及立式加工中心招标会议纪要作为本合同的附件，与本合同具有同等法律效力。

2. 买受人以银行承兑汇票方式付款。

3. 附件一作为本合同不可分割的一部分。

出卖人	买受人
单位名称(章):杭州友佳精密机械有限公司 单 位 地 址:浙江省杭州××经济技术开发区××路××号 法定代表人: 委托代理人: 电　　话: 传　　真: 开 户 银 行: 附件一:　安装调试及售后服务 ××经济技术开发区支行 账　　　号: 税　　　号:	单位名称(章):山东××××有限公司 单 位 地 址:　山东省××市××路××号 法定代表人: 委托代理人: 电　　话: 传　　真: 开 户 银 行: 账　　　号: 税务登记号: 邮 政 编 码:

日期：20××年×月×日

合同编号		××××-×××	
买　　方		山东××××有限公司	
机　　型	VM40SA	台数	1台

附件一：

1. 安装调试和交机验收：

1）货到交货地点后，买卖双方在三天内，共同按合同约定的内容及装箱清单拆箱验货（清点设备及各部件数量、核对规格型号和随机资料、查验外观质量等），拆箱验货后买方有异议的，应当在三天内提出，卖方应当妥善解决。

2）拆箱验货后，卖方应当在三天内调派技术人员进场安装调试。若因买方要求延期安装和调试的，买方应当自行妥善保管已拆箱的货物，并承担因保管不善而造成设备损失、损坏、锈蚀等责任。

3）自交货之日起三十天内，因买方原因使卖方不能进行安装调试或者不能验收交机的，买方应予结算和支付尾款。但卖方仍负有安装调试及验收交机的义务。

4）设备安装调试完毕，买方经试机后无异议的，应予签署验收文件。买方经试机后有异议的，应当在三天内提出书面异议，卖方应当及时解决；买方经试机后无异议但又拒签验收文件，视为通过验收。

5）机床各项精度指标按随机装箱提供的机床精度检验证书进行检验。检验方式依据ISO标准。双方对检验结果有争议的，以中国机床检测中心的检测结果为准，并由失误方承担与检测相关的一切费用。

6）对检验结果存在争议的，不得启用设备，否则即视为通过验收。

2. 培训：

在合同签订以后，用户可在机床到位之前派人到卖方杭州工厂进行为期十天的实地培训。食宿、交通费买方自理。

3. 设备保修：

1）自验收合格之日起，保修期为一年。在保修期内，发生设备不能正常使用情况时，卖方在接到买方通知后二十四小时内派技术人员上门提供免费维修或保养服务。

2）在保修期内，如属买方使用不当造成设备零部件损坏的，卖方维修时仅收取被更换零部件的成本费（按卖方进货价提供）。

3）保修期满，卖方向买方提供长期有偿维修和保养服务。买方也可另择他人提供维修和保养服务。

买方代表签章：　　　　　　　　　　　　卖方代表签章：

日　　期：　／　　／　　　　　　　　　　日　　期：　／　　／

第三节　数控机床安装与调试

数控机床的安装与调试是使机床恢复和达到出厂时的各项性能指标的重要环节。数控机床安装与调试的优劣直接影响到机床的使用性能。

一、数控机床的安装

数控机床的安装一般包括基础施工、机床拆箱、吊装就位、连接组装及试车调试等工作。数控机床安装应严格按产品说明书的要求进行。小型机床的安装可以整体进行，所以比较简单。大、中型机床由于运输时分解为几个部分，安装时需要重新组装和调整，因而工作复杂得多。现将机床的安装过程分别予以介绍。

1. 基础施工及机床就位

机床安装之前就应先按机床制造厂商提供的机床基础图做好机床地基，包括电源、水源、气源。机床的位置和地基对于机床精度的保持和安全稳定地运行具有重要意义。机床的位置应远离振源，避免阳光照射，放置在干燥的地方。若机床附近有振源，则在地基四周必须设置防振沟。如较高或冲击较大的机床还需要用地脚螺栓（图7-2）将机床和地基连接紧固，安装地脚螺栓的位置做出预留孔。机床拆箱后先取出随机技术文件和装箱单，按装箱单

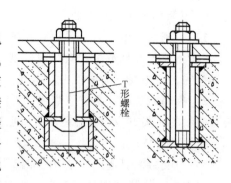

图7-2　机床安装地脚螺栓

清点各包装箱内的零部件、附件等资料是否齐全，然后仔细阅读机床说明书，并按说明书的要求进行安装，在地基上放多块机床减振垫铁（图7-3），其中图7-3a所示为中小型数控车床用，图7-3b所示为数控铣床（加工中心）等中大型机床用，如有地脚螺栓的则需先穿过安装孔预紧。

2. 机床连接组装

大型机床是分拆为几个部件进行运输的，机床连接组装是指将各分散的机床部件重新组装成整机的过程，如连接主床身与加长床身，将立柱、数控柜和电气柜安装在床身上，将刀库机械手安装在立柱上等。机床连接组装前，先清除连接面和导轨运动面上的防锈涂料，清

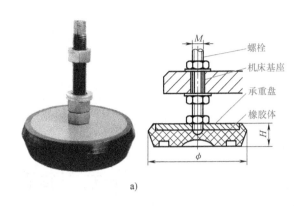

图 7-3 机床减振垫铁
a) 圆形 b) 矩形

洗各部件的外表面，再把清洗后的部件连接组装成整机。部件连接定位要使用随机所带的定位销、定位块，使各部件恢复到拆卸前的位置状态，以利于接下来的精度调整。

3. 试车调整

机床安装就位后可通电试车运转，目的是考核机床安装是否稳固，各传动、操纵、控制、润滑、液压、气动等系统是否正常、灵敏、可靠。

通电试车前，应按机床说明书要求给机床加注规定的润滑油液和油脂，清洗液压油箱和过滤器，加注规定标号的液压油，接通气动系统的输入气源。

通常是在各部件分别通电试验后再进行全面通电试验的。先应检查机床通电后有无报警故障，然后用手动方式陆续起动各部件。检查安全装置是否起作用，各部件能否正常工作，能否达到工作指标。例如：起动液压系统时要检查液压泵电动机转动方向是否正确，液压泵工作后管路中能否形成油压，各液压元件是否正常工作，有无异常噪声，有无油路渗漏以及液压系统冷却装置是否正常工作；数控系统通电后有无异常报警；系统急停、清除复位按钮能否起作用；检查机床各转动和移动是否正常等。

机床经通电初步运转后，粗略调整床身水平，粗略调整机床主要几何精度，调整一些重新组装的主要运动部件与主机之间的相对位置，如机械手刀库与主机换刀位置的校正、自动交换托盘与机床工作台交换位置的找正等。粗调完成后，如有地脚螺栓即可用快干水泥灌注主机和附件的地脚螺栓，灌平预留孔。等水泥凝固干燥后，就可以进行下一步工作。

二、数控机床的调试

1. 机床水平调整

机床水平调整是指使机床的工作台平面（或立柱导轨垂直面）与水平面保持平行（或垂直）的一项调整项目，是机床各项精度的基础。当机床水平度超出规定范围时，机床活动部件受重力影响将产生不垂直或平行于导轨的有害分力，引起额外的作用力或力矩，导致机床的运动构件产生微小的变形或扭曲，从而对加工精度产生影响，或使某些运动件磨损加快。此外，水平度超差也将引起机床上某些附件（如润滑油泵）的液面线变化，影响这些部件的使用性能。

（1）水平调整仪器　机床水平调整的常用仪器有水平仪和合像仪两种。图 7-4 所示为水平仪，水平仪内装有图 7-4a 所示的近似圆环状水准泡管，内部装满黏度小的酒精、乙醚等液体，气泡因气体轻于液体而上升到圆环的最高端。图 7-4b 所示的条式水平仪，可测长度方向的水平度。图 7-4c 所示为框式水平仪，主水准泡管置于具有 V 形槽的基准面上方，副管与主管垂直交错布置，由于框式水平仪具有相互垂直的四条精密直边，将垂直边紧靠机床的铅垂面时可测出铅垂面的水平度。框式水平仪也可当精密方尺使用。

图 7-4　水平仪

a）水平仪水准泡管　b）条式水平仪　c）框式水平仪

水平仪的读数原理如图 7-5 所示：图 7-5a 所示为被测表面无水平误差，故气泡对称居中；图 7-5b 所示为被测表面右高左低，气泡右移了 2 格，设该水平仪刻度值为 0.02mm/m，则测量结果为 0.04mm/m；同理图 7-5c 所示的测量结果为 0.06mm/m，左高右低。水平仪的零位可通过水准泡管两端的调整机构进行微调。

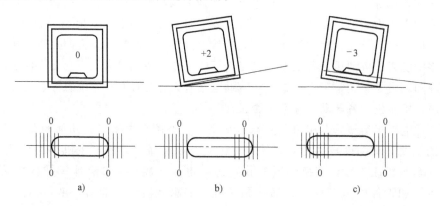

图 7-5　水平仪的读数原理

当精密机床的水平度要求较高或机床水平误差超出水平仪量程较大时，就应该使用图 7-6 所示的光学合像水平仪（简称合像仪）。

合像仪主要由测微螺杆、杠杆系统、水准器、光学合成棱镜和具有 V 形槽工作平面的底座组成。

水准器 6 安装在杠杆架 10 的底座 5 上，它的水平位置用微分盘 3 的旋钮 2 通过测微螺杆 13 与杠杆系统进行调整。水准器内的气泡圆弧 A 和 B，分别用三个不同方向位置的光学合成棱镜 8 反射至观察窗，分成两个半像，利用光学原理把气泡像复合扩大（扩大 5 倍），

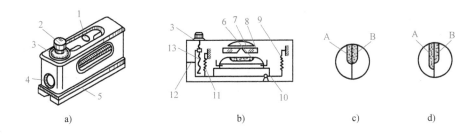

图 7-6　光学合像水平仪

1、4—窗口　2—旋钮　3—微分盘　5—底座　6—水准器　7—放大镜
8—光学合成棱镜　9、11—弹簧　10—杠杆架　12—指针　13—测微螺杆

提高读数精度，并通过杠杆机构提高读数的灵敏度和增大测量范围。

当合像仪处于水平位置时，半气泡圆弧 A 和 B 重合（图 7-6c）。当水平仪倾斜时，半气泡 A 与 B 不重合（图 7-6d）。测微螺杆的螺距 $P = 0.5mm$，微分盘刻线分为 100 等分。微分盘转过一格，测微螺杆上螺母轴向移动 0.005mm。使用时将合像仪放在工件的被测表面上，观察窗口 1，用手转动微分盘，直至两个半气泡圆弧重合时进行读数。读数时从窗口 4 读出毫米数，从微分盘读出刻度数。

例如：分度值为 0.01mm/1000mm 的合像仪的微分盘上的每一格刻度表示在 1000mm（即 1m）的长度上两端的高度差为 0.01mm。测量时如果从窗口读出的数值为 1mm，微分盘上的刻度数为 16，则测量的结果就是 0.06mm，即被测工件表面的倾斜度，在 1m 长度上高度差为 1.16mm。当工件的长度小于或大于 1m 时，可按正比例方法计算：1m 长度上的高度差×工件长度。

（2）机床水平调整　机床地基固化后，即可利用地脚螺栓和调整垫铁精调机床床身的水平，由于一个方向的水平调整会影响另一方向的水平状态，所以需要布置两个相互垂直的水平仪同时进行调整。

普通机床一般要求水平仪读数不超过 0.04mm/1000mm，高精度机床一般要求水平仪读数不超过 0.02mm/1000mm。小型机床床身为一体，刚性好，调整比较容易。大、中型机床床身大多是多点垫铁支承，为了不使床身产生额外的扭曲变形，要求在床身自由状态下调整水平，各支承垫铁全部起作用后，再压紧地脚螺栓。这样可保持床身精调后长期工作的稳定性，提高几何精度的保持性。

值得注意的是，机床的水平保持较易受到环境、承重和切削力的影响，所以机床水平调整并非仅在验收时进行。在机床总装阶段和机床使用一段时期后都需要多次进行调整。

2. 机床功能调试

机床功能调试是指机床试车调整后，检查和调试机床各项功能的过程。调试前首先应检查机床的数控系统及可编程序控制器的设定参数是否与随机表中的数据一致。然后试验各主要操作功能、安全措施、运行行程及常用指令执行情况等，如手动操作方式、点动方式、编辑方式（EDIT）、数据输入方式（MDI）、自动运行方式（MEMORY）、行程的极限保护（软件和硬件保护）以及主轴转速指令等是否正确无误。最后检查机床辅助功能及附件的工作是否正常，如机床照明灯、冷却防护罩和各种护板是否齐全；切削液箱加满切削液后，试验喷管能否喷切削液，在使用冷却防护罩时是否外漏；排屑器能否正常工作；选择刀具管理功能和接触式测头能否正常工作等。对于带刀库的加工中心，还应调整机械手的位置。调整时让机床自动运行到刀具交换位置，以手动操作方式调整装卸刀机械手对主轴的相对位置，调整后应紧固调整螺钉和刀库安装螺钉，然后装上几把接近允许最大质量的刀柄，进行多次刀库与主轴位置的自动交换，以动作正确、不撞击和不掉刀为合格。

3. 机床试运行

数控机床安装调试完毕后，要求整机在带一定负载的条件下经过一段时间的自动运行，较全面地检查机床功能及工件可靠性。运行时间一般采用每天运行 8h，连续运行 2~3 天，或者 24h 连续运行 1~2 天。这个过程称为安装后的试运行。

试运行中采用的程序称为考机程序，可以直接采用机床厂调试时间用的考机程序，也可自编考机程序。考机程序中应包括：数控系统主要功能的使用（如各坐标方向的运动、直线插补和圆弧插补等），自动更换取用刀库中 2/3 的刀具，主轴的最高、最低及常用的转速，快速和常用的进给速度，工作台面的自动交换，主要 M 指令的使用及宏程序、测量程序等。试运行时机床刀库上应插满刀柄，刀柄质量应接近规定质量；交换工作台面上应加上负载。在试运行中，除操作失误引起的故障外，不允许机床有故障出现，否则表示机床的安装调试存在问题。

对于一些小型数控机床，如小型经济数控机床可直接整体安装，只要调试好床身水平，检查几何精度合格后，经通电试车后即可投入运行。

第四节　数控机床的验收

一、数控机床验收的必要性

不少用户对数控机床验收的必要性认识不足，认为新机床在出厂时已通过检验，在使用现场安装只需调一下机床水平，试加工零件经检验合格便可通过验收。实际上新机床到达安装地点时可能存在以下问题：

1）机床在运输过程中产生振动和变形，其水平基准与出厂检验时的状态已不同，此时机床的几何精度与其在出厂检验时的精度可能产生偏差。

2）即使不考虑运输环节影响，机床在安装位置的水平调整也会对相关的几何精度项目产生影响。

3）由于编码器、光栅等位置精度的检测元件是直接安装在机床的丝杠和床身上，几何精度的调整会对其产生一定的影响。

4）由检验所得到的位置精度偏差，还可直接通过数控机床的误差补偿软件及时进行调整补偿，从而提高机床的位置精度。

检验新机床时仅采用考核试加工零件精度的方法来判别机床的整体质量，并以此作为验收的唯一标准是不够的，必须对机床的几何精度、位置精度及工作精度做全面的检验，才能保证机床长期稳定的工作性能。否则就会影响设备的安装和使用，甚至造成重大的经济损失。

二、数控机床的验收

数控机床验收一般分两个阶段：在制造商工厂的预验收和在用户工厂的最终验收。机床的验收与总装、运输、安装与调试都是机床客户移交项目中的组成部分。

1. 预验收

预验收的目的是检查、验证机床能否满足用户的加工质量及生产率，检查供应商提供的资料、备件。供应商只有在机床通过正常运行试切并经检验生产出合格加工件后才能进行预验收。预验收须规定试切件技术要求、数量；机床连续空运转时间、设备能力指数、安全性、防护效果、循环时间等。预验收通常在机床制造公司的总装车间进行。

2. 最终验收

最终验收工作主要根据机床出厂合格证上规定的验收标准及用户实际能提供的检测条件，测定机床合格证上各项指标。检测结果作为该机床的原始资料存入技术档案中，作为今后维修时的技术指标依据。验收工作分以下几步：

（1）开箱检验 数控机床到厂后，设备管理部门要及时组织有关人员开箱检验。参加检验的人员应包括设备管理人员、设备计划调配员等。检验项目包括：①装箱单；②核对应有的随机操作、维修说明书，图样资料，合格证等技术文件；③按合同规定，对照装箱单清点附件、备件、工具的数量、规格及完好情况；④检查主机、数控柜、操作台等有无碰撞损伤、变形、受潮、锈蚀等，并逐项如实填写"设备开箱验收登记卡"入档。

开箱检验如果发现有短缺件或型号规格不符或设备已遭受碰撞损伤、变形、受潮、锈蚀等严重影响设备质量的情况，应及时向有关部门反映、查询、取证或索赔。

（2）外观检查 外观检查包括机床外观和数控柜外观检查。外观检查是指不用仪器只用视觉观察可以进行的各种检查，如机床外表漆有无脱落、各防护罩是否齐全完好、工作台有无磕碰划伤等。

（3）机床性能及数控功能的验收 机床性能主要包括主轴系统、进给系统、自动换刀系统、电气装置、安全装置、润滑装置、气液装置及附属装置等的性能。检查主要通过"耳闻目睹"和试运转，检查各运动部件及辅助装置在起动、停止和运行中有无异常现象及噪声，润滑系统、冷却系统以及各装置是否正常。检查安全装置是否齐全可靠，如各运动轴超程自动保护功能、电流过载保护功能、主轴电动机过热过负荷自动停机功能、欠电压保护、过电压保护功能等。

数控系统的功能随所配机床类型有所不同。同型号的数控系统所具有的标准功能是一样的。数控功能的检测验收要按照机床配备的数控系统说明书和销售合同的规定，用手动方式或程序方式检验该机床应该具备的主要功能。数控功能检验的最好方法是自己编一个检验程序，让机床在空载下连续自动运行16h或32h。检验程序中尽可能把该机床应该有的全部功能以及主轴各种转速和坐标轴的各种进给速度、多次换刀和工作台的自动交换等全部包括进去。

（4）数控机床精度的验收 数控机床的精度验收通常包括数控机床几何精度、定位（位置）精度和工作（综合）精度等内容。数控机床精度的验收必须在安装地基完全干化后才能进行，在验收机床几何精度时，几何精度的检测必须在机床精调后一次完成，不允许调整一项检测一项。

数控机床的精度检测内容详见本书第六章。

习　　题

1. 简述交钥匙工程的主要步骤和内容。

2. 哪类机床选购需要经过正规的招投标？简述新机床招投标过程。

3. 简述中、大型数控机床预验收和最终验收的概念和方法。

4. 什么是机床就位？机床就位具体负责方应是运输公司、机床制造商和机床使用部门中的哪一方？

附录　数控铣床几何精度检测项目

序号	检测项目与公差	检测示意图	实测	结论(合格与否)
1	主轴锥孔的斜向圆跳动 a. 靠近主轴端面 b. 距主轴端面 300mm 处 公差： a. 0.007mm b. 0.015mm			
2	主轴轴线和 Z 轴轴线的平行度 a. Z-Y 平面内 b. Z-X 平面内 公差： a. 0.015mm b. 0.015mm			
3	工作台面对 Z 轴的垂直度 a. 机床的 Z-X 平面内 b. 机床的 Z-Y 平面内 公差： a. 0.015/300 b. 0.015/300			
4	工作台面对坐标轴移动的平行度 a. Y 轴 b. X 轴 公差： a. Y 轴 0.015/500 b. X 轴 0.015/500 最大为 0.03/500			
5	主轴回转轴线对工作台面的垂直度 公差：0.015/500			

（续）

序号	检测项目与公差	检测示意图	实测	结论(合格与否)
6	工作台 X 轴轴线对工作台 Y 轴轴线的垂直度 公差:0.010/300			
7	工作台基准 T 形槽侧面对工作台 X 轴轴线的平行度 公差:0.015/500 最大为 0.040/500			

参 考 文 献

［1］ 陈志平，章鸿. 数控机床机械装调技术 ［M］. 北京：北京理工大学出版社，2011.

［2］ 王爱玲. 数控机床结构及应用 ［M］. 2 版. 北京：机械工业出版社，2013.

［3］ 顾京. 现代机床设备 ［M］. 2 版. 北京：化学工业出版社，2009

［4］ 王廷康. 数控机床机械装调工（中级 高级）［M］. 北京：中国劳动社会保障出版社，2011.

［5］ 任立军. 数控机床 ［M］. 北京：机械工业出版社，2012.

［6］ 娄锐. 数控机床 ［M］. 3 版. 大连：大连理工大学出版社，2006.

［7］ 郭佳萍，于颖，张继媛. 机械拆装与测绘 ［M］. 北京：机械工业出版社，2011.

［8］ 贾亚洲. 金属切削机床概论 ［M］. 2 版. 北京：机械工业出版社，2011.

［9］ 蒋新军，张丽娟. 装配钳工（中级）考前指导 ［M］. 北京：机械工业出版社，2008.

［10］ 胡家富. 数控机床装调维修工问答 270 例 ［M］. 上海：上海科学技术出版社，2011.

［11］ 晏初宏. 数控机床与机械结构 ［M］. 2 版. 北京：机械工业出版社，2015.

［12］ 李金伴，马伟民. 实用数控机床技术手册 ［M］. 北京：化学工业出版社，2007.